Sitzungsberichte
der Akademie der Wissenschaften
der DDR
Mathematik – Naturwissenschaften – Technik

16 N
1981

Wolf/Fürtig/Seidel/Krüger

Zur Synthese und Anwendung von Molekularsieben

AKADEMIE-VERLAG · BERLIN

Sitzungsberichte
der Akademie der Wissenschaften
der DDR
Mathematik – Naturwissenschaften – Technik

Jahrgang 1981 · Nr. 16/N

Wolf/Fürtig/Seidel/Krüger

Zur Synthese und Anwendung von Molekularsieben

AKADEMIE-VERLAG · BERLIN
1981

Erweiterte Fassung des Vortrages in der
Klasse Chemie am 19. Februar 1981
(Vortragender: KM Friedrich Wolf)

Herausgegeben im Auftrage
des Vizepräsidenten der Akademie
der Wissenschaften der DDR
von Vizepräsident Prof. Dr. Heinrich Scheel

ISSN 0138-3956
Erschienen im Akademie-Verlag, DDR-1086 Berlin, Leipziger Str. 3–4

Lizenznummer: 202 · 100/242/81
Gesamtherstellung: VEB Druckhaus Köthen
Bestellnummer: 763 001 8 (2010/81/16/N) · LSV 1215
Printed in GDR
DDR 6,50 M

Inhalt

Helmut Fürtig, Friedrich Wolf, Rüdiger Seidel

Untersuchungen zur Bildung des Zeolithtyps Y im System $Na_2O-Al_2O_3-SiO_2$ (Kieselsol) $-H_2O$ (Teil 1)

Inhaltsübersicht

Der Bildungsprozeß des hochsilikatischen Zeoliths Y wurde im System $Na_2O-Al_2O_3-SiO_2$(Kieselsol)$-H_2O$ untersucht. Neben der Gelzusammensetzung wurden insbesondere die kolloidchemischen Eigenschaften der Hydrogelzwischenphasen ermittelt.

Das Kristallwachstum wurde mittels Adsorptions-, IR- und röntgenographischer Verfahren verfolgt. Auf der Basis dieser Untersuchungen lassen sich bei der Zeolithbildung folgende Stadien unterscheiden:
- Reifeperiode,
- Inkubationsperiode,
- Kristallwachstumsperiode,
- Alterungsperiode,
- Rekristallisationsperiode.

Im Teil 2 dieser Veröffentlichung wird die Leistungsfähigkeit dieses Zeolithbildungsmodelles bei Variation der Syntheseparameter geprüft.

1. *Einleitung*

Die prinzipiellen Verfahren zur Herstellung von Zeolithen des Typs Y sind bekannt (u.a. [1–4]). Die weitere Verbesserung der Raum-Zeit-Ausbeute bei dieser Zeolithsynthese und die gezielte Beeinflussung des Eigenschaftsbildes erfordern Kenntnisse über den Bildungsablauf, wie die einzelnen Reaktionsschritte im Syntheseprozeß, ihre Beeinflußbarkeit durch Variation technologischer Parameter sowie ihren Anteil an der Herausbildung verschiedener Eigenschaftsmerkmale.

Neben vielen Arbeiten zur Zeolithsynthese existieren nur relativ wenige zum Mechanismus der Zeolithbildung [5–8]. Arbeiten über den Zeolithbildungsmechanismus hochsilikatischer Faujasite, die auf der Basis eines hochprozentigen Kieselsols hergestellt werden, sind unseres Wissens nicht vorhanden.

Im folgenden soll über den Bildungsverlauf des Zeoliths Y aus einer Reaktionsmischung der Zusammensetzung

$$2{,}97\ Na_2O \cdot Al_2O_3 \cdot 9\ SiO_2\ \text{(Kieselsol)} \cdot 119\ H_2O$$

berichtet werden.

Es ist bekannt, daß das Ergebnis einer Zeolithsynthese bereits im Hydrogelzustand festgelegt wird [8].

Im Gegensatz zu bekannten Arbeiten, die sich hauptsächlich auf die Kristallwachstumsperiode der Zeolithtypen A und X aus Reaktionsmischungen auf der Basis von Natriumsilikat (Wasserglas) beschränken [6, 7, 9], wurde von uns besondere Aufmerksamkeit den Veränderungen innerhalb der Hydrogelphasen geschenkt, d.h. den Prozessen innerhalb der Inkubationsperiode einer Reaktionsmischung auf der Basis eines 30%igen Kieselsols. Die vorliegende Arbeit stützt sich hierbei besonders auf die Untersuchung der IR-aktiven Gitterschwingungen sowohl der festen Gel- als auch Kristallphasen und auf die Auswertung von N_2-Tieftemperaturadsorptionsuntersuchungen nach Frenkel-Halsey-Hill [13–16].

2. *Experimentelles*

Die Synthese des Zeoliths Y wurde hauptsächlich im 2-ltr.-Maßstab, vereinzelt auch im 60 ml-Maßstab, durchgeführt. Die aus V_2A-Stahl gefertigten Kristallisationsgefäße wurden in einem Kristallisationsbad temperiert. Folgende Rohstoffe dienten zur Synthese:

- Na-Aluminat (VEB „Albert Zimmermann", Lauta)
  ca. 19 Gew.-% Al_2O_3; ca. 18 Gew.-% Na_2O
- Kieselsol (VEB CKB; Chemiewerk Bad Köstritz)
  ca. 30 Gew.-% SiO_2; ca. 0,3 Gew.-% Na_2O
- Na-Hydroxid (Chemapol), ca. 97 Gew.-% NaOH)
- destilliertes Wasser

Die benötigten Mengen an destilliertem Wasser, Na-Aluminat und Natronlauge wurden unter Rühren vermischt und vorgelegt. Unter kräftigem Rühren (Blattrührer mit 6 Blättern; 885 Upm) wird langsam die entsprechende Kieselsolmenge zugegeben. Nach dem Homogenisieren schließt sich die Reifeperiode mit einer Reifezeit von $t_R = 17$ h bei einer Reifetemperatur von $T_R = 25 \pm 2\,°C$ an. Danach wird das fest verschlossene Reaktionsgefäß in ein aufgeheiztes Kristallisationsbad ($T_K = 90 \pm 0{,}5\,°C$) gestellt.

Nach vorgegebenen Reifezeiten t_R bzw. Kristallisationszeiten t_K werden die Gefäße dem Bad entnommen und das Kristallisat von der Mutterlauge durch Filtration abgetrennt. Der mit 10 l destilliertem Wasser gewaschene Niederschlag (pH des ablaufenden Waschwassers: 10–11) wurde getrocknet und für sämtliche physikalisch-chemische Untersuchungen eingesetzt.

3. *Darstellung der Versuchsergebnisse*

3.1. Veränderungen der chemischen Zusammensetzung der festen und flüssigen Phase im Syntheseverlauf:

In Abbildung 1 sind die Veränderungen der chemischen Zusammensetzung in der flüssigen Phase (Mutterlauge) in Abhängigkeit von der Reaktionszeit t dargestellt. Die Untersuchungsergebnisse der festen Reaktionsprodukte ergänzen die experimentell gesicherteren Ergebnisse der Untersuchung der Flüssigphase.

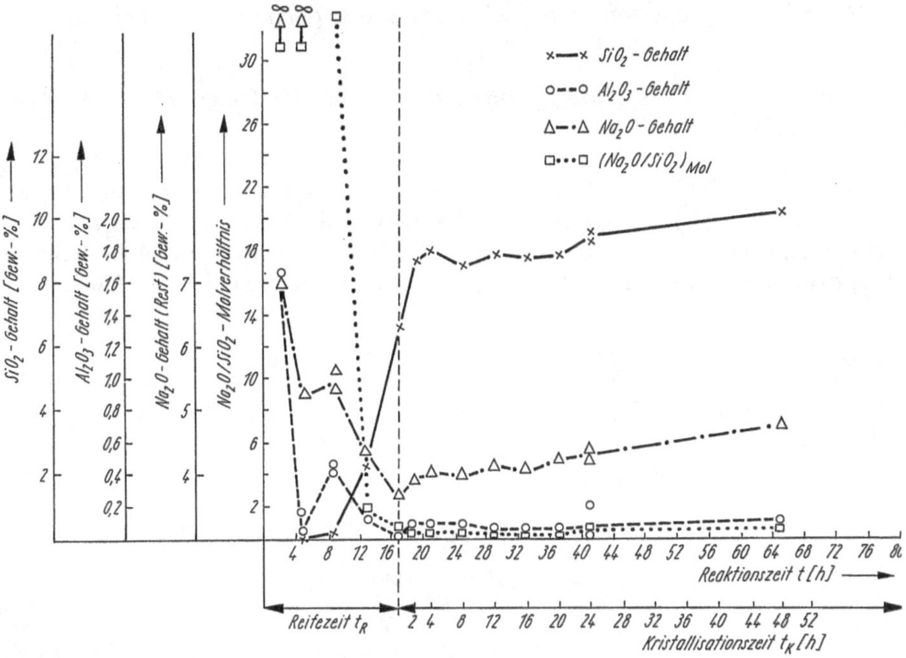

Abb. 1 Veränderungen der chemischen Zusammensetzung in der flüssigen Phase in Abhängigkeit von der Reaktionszeit

Wir beobachten deutliche Veränderungen nur innerhalb der sogenannten Reifeperiode ($T_R = 25 \pm 2\,°C$) und innerhalb der ersten 2 Stunden der Kristallisationsperiode ($T_K = 90 \pm 0{,}5\,°C$). Bis zum Ende des Kristallisationsprozesses treten nur noch geringfügige Veränderungen auf.

- Bis zur Reifezeit $t_R = 5$ h ist in der flüssigen Phase kein SiO_2 nachweisbar; ab einer Reifezeit $t_R = 9$ h beobachtet man ein rasches Ansteigen des SiO_2-Gehaltes auf 8,7 Gew.-% SiO_2. Dieser Gehalt ändert sich im Verlaufe des weiteren Syntheseprozesses nur noch wenig.

- Der Al_2O_3-Gehalt, wie auch der Na_2O-Gehalt, sinken innerhalb der Reifezeit auf weniger als 0,1 Gew.-% Al_2O_3 bzw. ca. 4 Gew.-% Na_2O ab.
- Die sich nach einer Kristallisationszeit von $t_K = 2$ h in seiner Zusammensetzung kaum mehr verändernde feste Gelphase besitzt eine Zusammensetzung von $Na_2O \cdot Al_2O_3 \cdot 5{,}3 \pm 0{,}1\ SiO_2$.

Daß sich die hauptsächlichen chemischen Veränderungen zu Beginn der Zeolithsynthese abspielen, wurde bereits von ŽDANOV [8] und FAHLKE u.a. [32] am Beispiel von Reaktionsmischungen auf der Basis von Wasserglas berichtet. Die Veränderungen in der chemischen Zusammensetzung sind somit kaum in der Lage, Hinweise auf die Teilprozesse in dem dem Kristallwachstum der Zeolithe vorgelagerten Prozeßschritt ‚Inkubationsperiode‘ zu liefern.

3.2. Veränderungen der Adsorptionseigenschaften der festen Phase im Syntheseverlauf:

Der in der Abbildung 2 dargestellte Verlauf der unter statischen Meßbedingungen (20 °C; 0,6 Torr) ermittelten Wasserdampfadsorptionskapazitäten der festen Gelphasen bzw. der Kristallisate ist qualitativ bereits aus Arbeiten von BRECK/FLANIGEN [3], CIRIC [9] und KERR [7] zum Reaktionsverlauf bekannt.

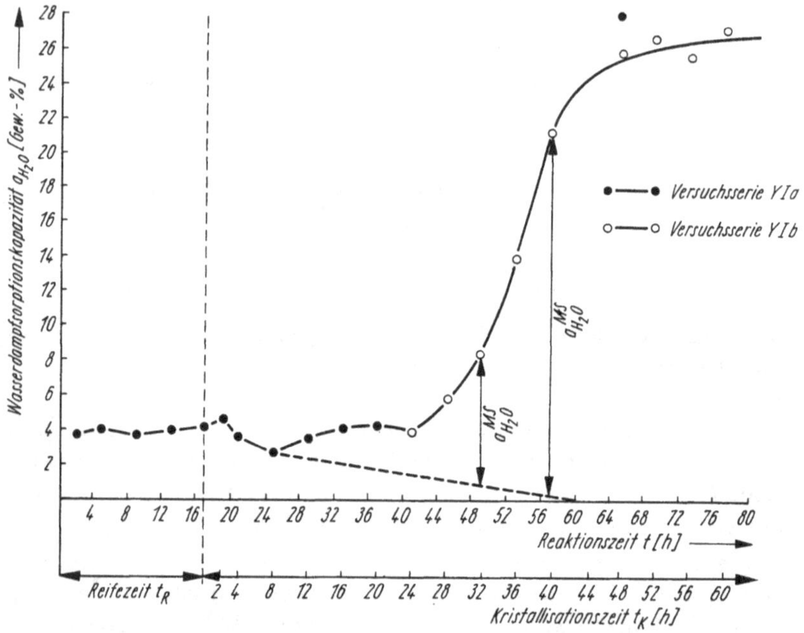

Abb. 2 Abhängigkeit der Wasserdampfsorptionskapazität von der Reaktionszeit

Der gezeigte Verlauf gestattet eine Grobgliederung des Syntheseprozesses analog den Arbeiten von BRECK [3, 10] in die

- Inkubations- oder Induktionsperiode ($0 < t < 40$ h)
- Kristallwachstumsperiode ($40 < t < 65$ h)
- Alterungsperiode, ($t > 65$ h)

er liefert aber keine Informationen über die Vorgänge während der Inkubationsperiode bezüglich der festen Gelphase.

Die Vorgänge in der 2. Periode der Zeolithbildung sind einem Wachstum von kleinen Zeolithkristallen zuzuordnen; das Ende der Kristallwachstumsperiode ergibt sich bei diesem Synthesepunkt bei einer Kristallisationszeit von $t_K =$ 44 h. Aufgrund der beschränkten Aussagefähigkeit der Wasserdampfadsorptionsuntersuchungen unter unseren gewählten Bedingungen wurden Stickstoff-Adsorptionsuntersuchungen bei -196 °C in einer modifizierten BET-Apparatur ausgeführt. Aus den Adsorptionsisothermen, die für den Fall der festen Gelphasen bis zu Kristallisationszeiten von $t_K = 20$ h dem Typ II der BDDT-Klassifikation [11] und für den Fall der kristallisierten Proben dem Typ I entsprechen, wurden die spezifischen Oberflächen berechnet. Da der Begriff der spezifischen Oberfläche bei mikroporösen Adsorbentien einen rein formalen Charakter trägt, verstehen wir darunter nach BARRER [12] die „monoschichtäquivalente Fläche".

Die Auftragung der Oberflächenwerte gegen die Reaktionszeit t zeigt einen der Abb. 2 analogen Verlauf.

Aufbauend auf theoretischen Vorstellungen von FRENKEL [13], HALSEY [14] und HILL [15] und von PIERCE [16] gelingt es, aus den N_2-Adsorptionsisothermen bei -196 °C neben der spezifischen Oberfläche das Adsorptionsvolumen an der äußeren Oberfläche v_a und das Adsorptionsvolumen in der Poren v_i getrennt zu ermitteln.

Wenn wir voraussetzen, daß die festen Alumosilikat-Gelphasen keine Mikroporen enthalten, ergibt sich die Möglichkeit, die Zeolithbildung auch in einem Stadium zu erfassen, in dem die Röntgenfeinstrukturanalyse keine Molekularsiebanteile nachweisen kann.

Die Ergebnisse dieser Untersuchungen sind in Abbildung 3 dargestellt.

Zu beobachten ist während der Reifezeit ($t_R = 0 - 17$ h) und zu Beginn der Kristallisationszeit ($t_K = 0 - 4$ h) ein starker Abfall des an der äußeren Oberfläche adsorbierten Stickstoffvolumens, und damit ein starker Abbau der äußeren Oberfläche selbst. Nach einer Kristallisationszeit von $t_K = 4$ h setzt sich der Abbau der äußeren Oberfläche mit langsamerer Geschwindigkeit fort; während der Kristallwachstumsperiode nimmt die äußere Oberfläche infolge der Kornvergröberung nur sehr gering ab.

Nach einer Kristallisationszeit von $t_K = 8$ h beobachten wir eine Zunahme der innerhalb von Mikroporen adsorbierten N_2-Menge. Eine Darstellung des in den Mikroporen adsorbierten N_2-Volumens in den Koordinaten der von

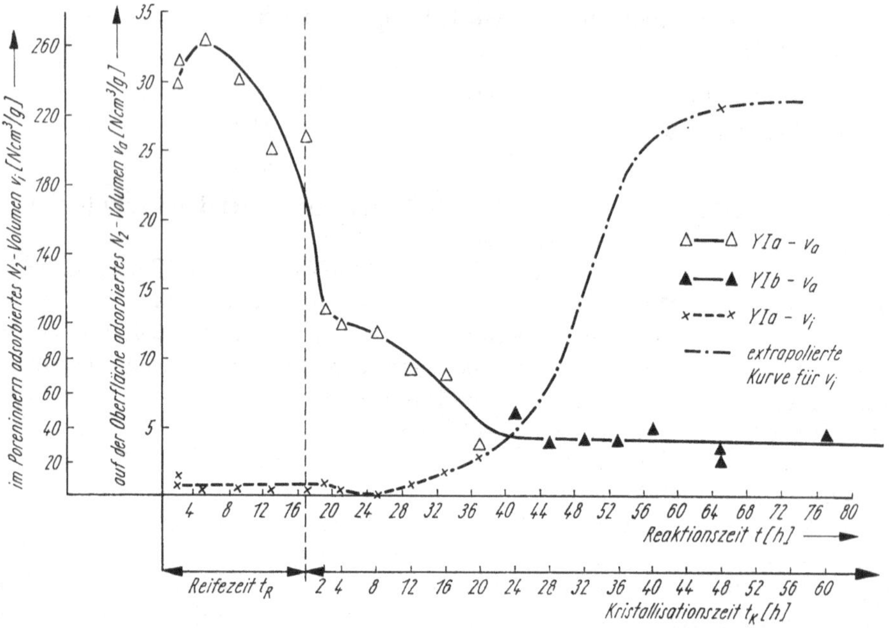

Abb. 3 Veränderungen des innerhalb der Poren (v_i) und des auf der Oberfläche ($\bar{v}_a$) adsorbierten N_2-Volumens mit der Reaktionszeit

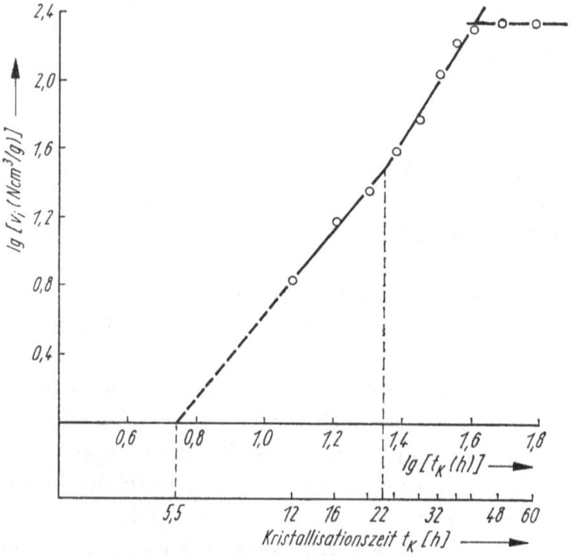

Abb. 4 Darstellung des Kristallisationsverlaufes in den Koordinaten lg [v_i(Ncm³/g)] und lg [t_K(h)] (nach CIRIC [9])

Ciric [9] vorgestellten Gleichung zur Beschreibung des Kristallisationsprozesses (Abb. 4), läßt drei Geradenäste unterschiedlicher Neigung erkennen, die wir den Teilprozessen Keimbildung ($12 < t_K < 24$ h), Kristallwachstum ($24 < t_K < 44$ h) und Alterung ($t_K > 44$ h) zuordnen.

3.3. Verfolgung des Syntheseverlaufes mittels der IR-Spektroskopie:

Die Anwendbarkeit der IR-Spektroskopie auf röntgenamorphe und kristalline Stoffe war ein Hauptkriterium bei unseren Untersuchungen. Aufbauend auf den Arbeiten von Matossi u.a. [17] beschäftigten sich z.B. Lippincott [18], Milkey [19], Saksena [20], Lehmann/Dutz [21] Wolf/Fürtig [22] mit der Untersuchung der Mittel-IR-Region (200–1 300 cm^{-1}) an Silikaten. Die von Flanigen u.a. [23] vorgeschlagene Interpretation der Banden des Zeolith Y basiert auf der von Lippin-Cott [18] getroffenen Zuordnung und diente auch unseren Untersuchungen als Grundlage.

Neben der Auswertung der Spektren (Doppelstrahl-Spektralphotometer UR 10; KBr-Preßtechnik) bezüglich Intensität und Wellenzahl der Banden wurde besonderes Augenmerk auf die Ermittlung der Halbwertsbreite der asymmetrischen TO-Valenzschwingung gelegt, die sowohl nach dem Grundlinien- o. baseline Verfahren als auch nach dem Pirlot-Verfahren [33] bestimmt wurde. Die so ermittelten Halbwertsbreiten an den Zwischenprodukten der

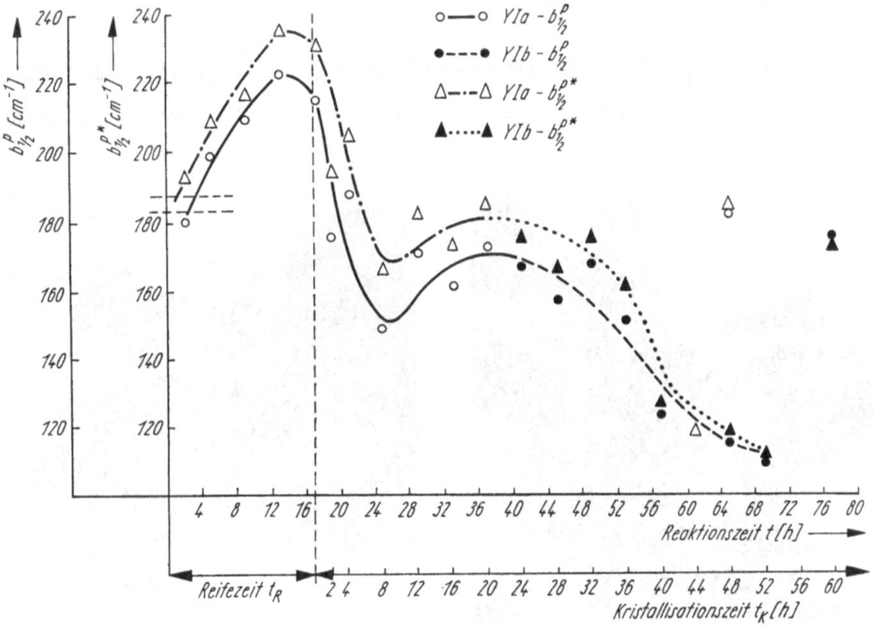

Abb. 5 Veränderung der Halbwertsbreiten der asymmetrischen TO-Valenzschwingungen mit der Reaktionszeit

Zeolithbildung sind in Abbildung 5 dargestellt. Beide Auswertungsvarianten zur Bestimmung der Halbwertsbreite führten zum gleichen qualitativen Kurvenverlauf. Ausgehend von einem Wert der Halbwertsbreite für die Gelphase, zu Beginn des Reifeprozesses, wie er auch für reines Silicagel gemessen wurde, erfolgt eine Zunahme der Halbwertsbreite $b_{1/2}$. Wir schließen aus diesem Befund einmal auf die Ausfällung reinen Silicahydrogels beim Vermischen beider Rohstoffkomponenten und zum anderen auf abnehmende Vernetzungsgrade der SiO_4-Tetraeder in der festen Phase [33]. Die nach einem Maximumwert bei $t_R = 12$ h einsetzende Verringerung der Halbwertsbreite deutet auf Ordnungserscheinungen. Eine gleichzeitig zu beobachtende Verlagerung der Banden der asymmetrischen TO-Valenzschwingung in das niederfrequente Gebiet weist darauf hin, daß bei diesen Ordnungsprozessen die Bildung von Alumosilicahydrogelphasen wahrscheinlich ist [19].

Im Zuge der beginnenden Keimbildung (siehe Abb. 4), der eine Auflösung bzw. Umordnung der eben gebildeten Si—O—Al—O-Brücken vorausgehen muß, erfolgen ab einer Kristallisationszeit von $t_K = 8$ h wieder Bandenverbreiterungen, die diese Bindungslockerungen anzeigen. Mit dem Auftreten kristallisierten Materials in der festen Phase ist wieder eine Verringerung der Halbwertsbreite der asymmetrischen TO-Valenzschwingung zu erkennen.

Diese aus den Untersuchungen der Halbwertsbreiten gezogenen Schlußfolgerungen werden durch Untersuchungen der Wellenzahl und Intensität diverser Banden gestützt [31].

3.4. Verfolgung des Syntheseverlaufes mittels der Elektronenmikroskopie:

Bei den elektronenmikroskopischen Untersuchungen der getrockneten gelförmigen und kristallisierten Zwischenprodukte wurde sowohl die Durchstrahl-

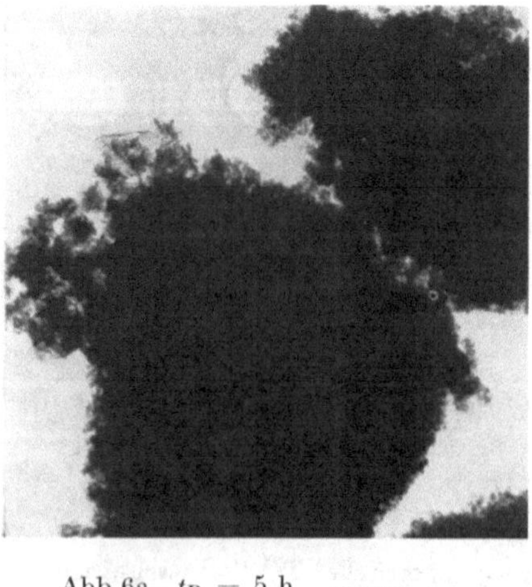

Abb. 6a $t_R = 5$ h, $t_K = 0$ h 15.000:1

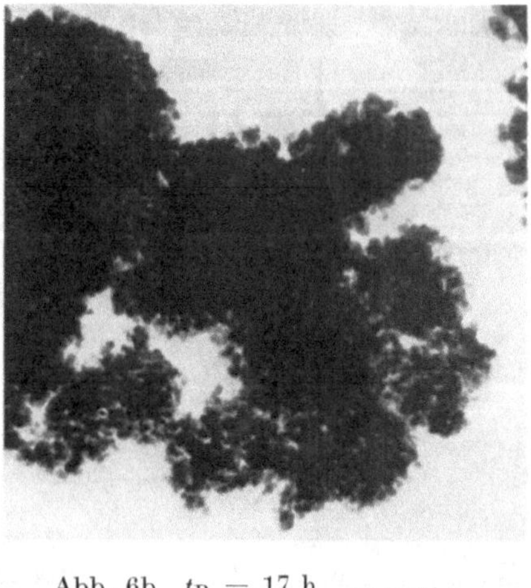

Abb. 6b $t_R = 17$ h, $t_K = 8$ h 15.000:1

als auch die Kohlehüllabdruckmethode angewandt. In Abbildung 6 sind ausgewählte elektronenmikroskopische Aufnahmen der Festphasen dargestellt.

Abbildung 6a, b zeigt die Struktur der gelförmigen Produkte, die analog

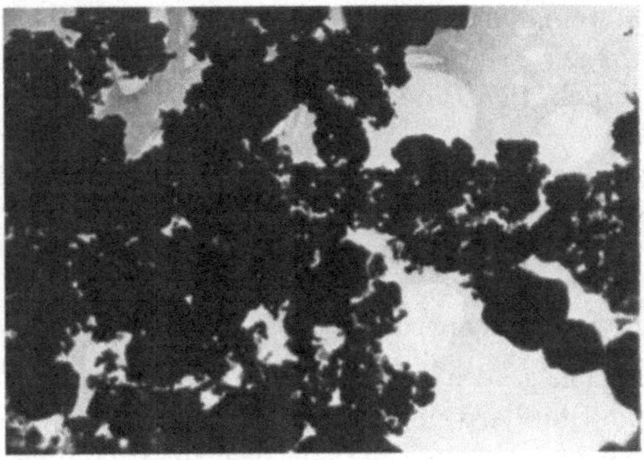

c) $t_R = 17$ h $t_K = 32$ h 15.000:1

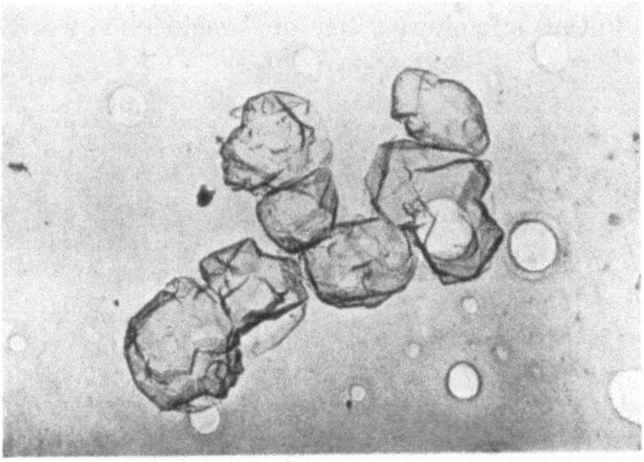

d) $t_R = 17$ h $t_K = 48$ h 20.000:1

e) $t_R = 17$ h $t_K = 60$ h 20.000:1

Abb. 6a–e Elektronenmikroskopische Aufnahmen

ADAMS/VOGE [24] aus kleinen, ca. 1000 Å großen Teilchen und aus deren Aggregationen mit Größen von 0,2–5,0 μm bestehen. Im Verlaufe der Reifezeit lockern sich diese Sekundäragglomerate zunehmend auf (Abb. 6b). Ab einer Kristallisationszeit von $t_K = 12$ h an beobachten wir ca. 3000–5000 Å große Teilchen, die nur sehr locker untereinander und an den von hier ab zu beobachtenden Zeolithkristallen aggregiert sind. Nach einer Kristallisationszeit $t_K = 48$ h finden sich kaum noch gelartige Produkte an der Zeolithoberfläche (Abb. 6c–6e).

Deutlich sind auch die Veränderungen während der Alterungsperiode ($t_K > 48$ h) – Zusammenballung der Zeolithkristalle zu Sekundäraggregaten – wahrzunehmen.

3.5. Untersuchungen zur Kristallwachstumsperiode:

Die Ermittlung des Kristallisationsgrades des im Kristallisat enthaltenen Zeolith Y (gegen CaF_2 als inneren Standard) liefert einen Kurvenverlauf, der bezüglich der Kristallwachstums- und Alterungsperiode dem in Abbildung 4 dargestellten völlig analog ist.

Der Kristallwachstumsprozeß konnte gleichermaßen gut beschrieben werden

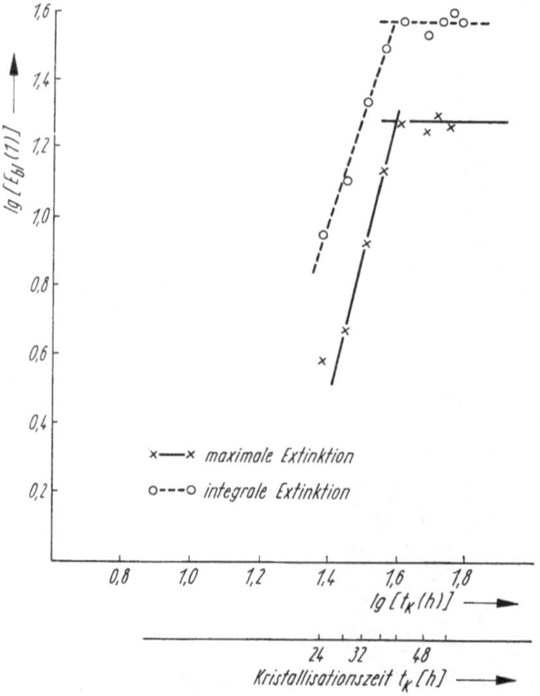

Abb. 7 Darstellung der Abhängigkeit der D-6-Ring-Schwingungsintensität von der Kristallisationszeit in den Koordinaten der von CIRIC angegebenen Beziehung [9]

(Abb. 7) sowohl durch röntgengraphische als auch durch Adsorptionsuntersuchungen - in unserem Falle mit den Adsorptiven Wasser (Raumtemperatur) und Stickstoff (−196 °C) sowie mittels der Extinktion folgender IR-Banden:
- asymmetrische TO-Valenzschwingung (hochfrequente Schulter) ($\nu \sim$ 1000–1200 cm^{-1})
- symmetrische TO-Valenzschwingung ($\nu \sim$ 780–820 cm^{-1})
- Doppel-6-Ring-Schwingung ($\nu \sim$ 570–590 cm^{-1}).

Die mittels röntgenographischer Methoden erfaßbare Primärteilchengröße[1] stellt die Größe der Gitterbezirke dar, die in sich völlig homogen aufgebaut sind [25]. In unserem Falle wurden diese Größen nach der von KOCHENDÖRFER [26] vorgeschlagenen Methode ermittelt. Die Veränderung der Teilchengröße mit der Kristallisationszeit zeigt Abbildung 8. Gitterverzerrung konnte in unseren Proben nicht nachgewiesen werden. Innerhalb des Kristallisationszeitintervalls 28 < t_K < 40 h steigt die Primärteilchengröße von ca. 350 Å auf ca. 450 Å an; im Verlaufe weiterer 12 h ändert sich die Teilchengröße kaum, um dann - offensichtlich im Zusammenhang mit einsetzenden Alterungserscheinungen - erneut anzusteigen.

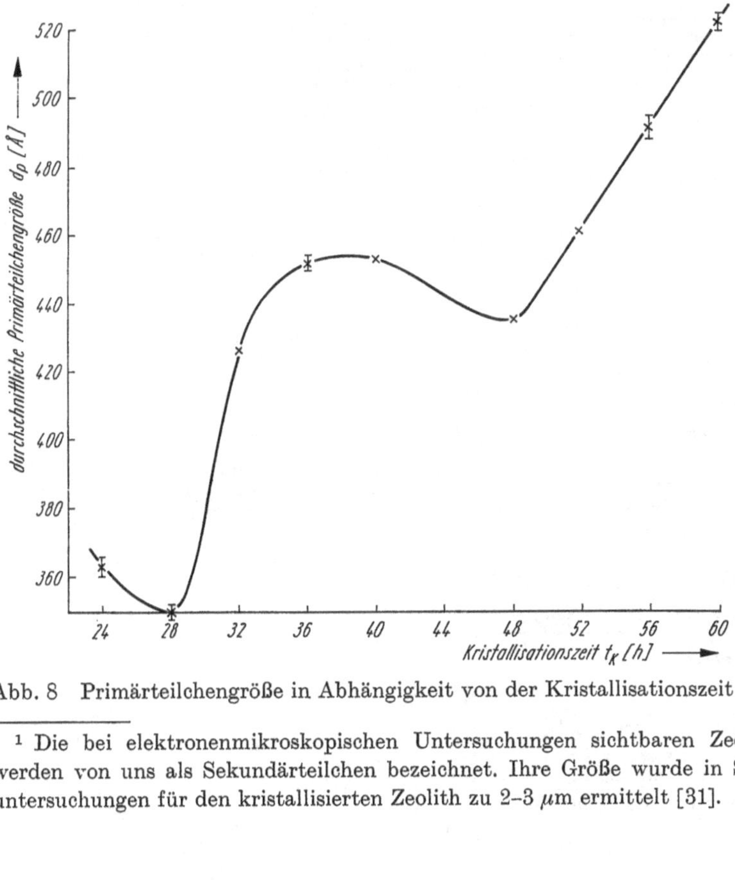

Abb. 8 Primärteilchengröße in Abhängigkeit von der Kristallisationszeit

[1] Die bei elektronenmikroskopischen Untersuchungen sichtbaren Zeolith-Y-Partikel werden von uns als Sekundärteilchen bezeichnet. Ihre Größe wurde in Sedimentationsuntersuchungen für den kristallisierten Zeolith zu 2–3 μm ermittelt [31].

Die an den kristallisierten Proben ermittelten Gitterkonstanten a_0, die sich während des Kristallisationsprozesses laufend ändern [31] und die u.a. vom Si—Al-Verhältnis im Gitter abhängen [27], gestatten die Schlußfolgerung, daß die Zeolithkristalle bezüglich ihres Si—Al-Verhältnisses inhomogen aufgebaut sind. Wir vermuten aufgrund unserer Untersuchungen Si-reichere Kerne, die von relativ Al-reicheren Schichten umgeben sind.

4. Diskussion der Versuchsergebnisse

Unsere Vorstellungen über den Bildungsprozeß des Zeolith Typ Y aus einer Reaktionsmischung der Zusammensetzung

$$2{,}97\ Na_2O \cdot Al_2O_3 \cdot 9\ SiO_2\ (\text{Kieselsol}) \cdot 119\ H_2O$$

sind in Abbildung 9 dargestellt. Es lassen sich folgende Prozeßschritte definieren:

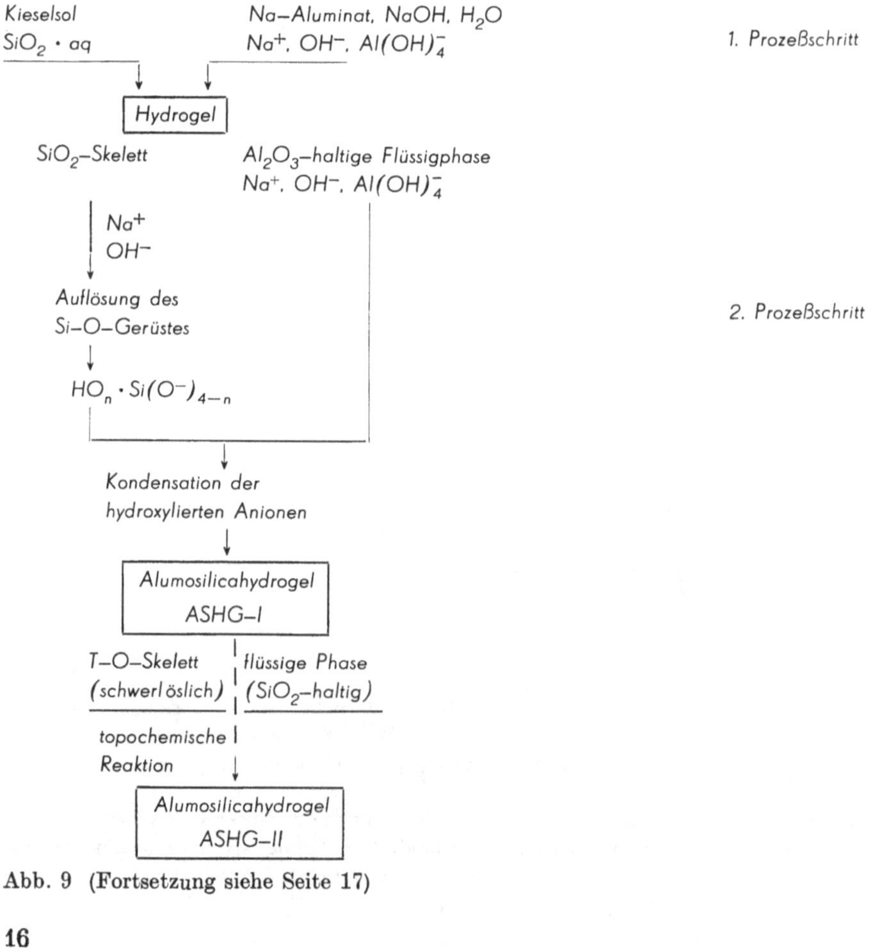

Abb. 9 (Fortsetzung siehe Seite 17)

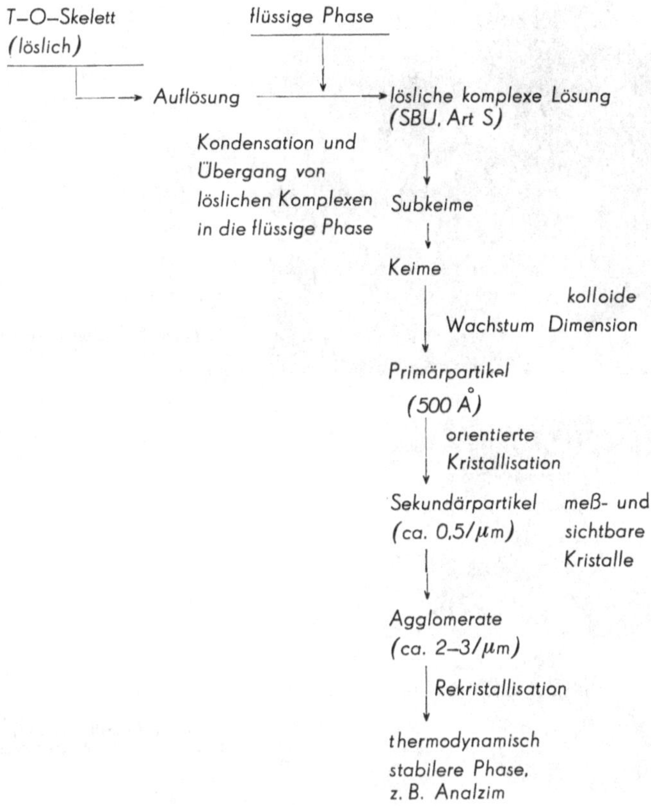

Abb. 9 Schema der Zeolith-Y-Bildung auf der Basis eines hochprozentigen Kieselsols

1. Prozeßschritt: Ausfällung eines Silicahydrogels

Beim Versetzen der unverdünnten, stabilen, kolloiden Kieselsäurelösung mit der hochalkalischen Aluminatlauge wird durch Erhöhung der Elektrolytkonzentration und der daraus resultierenden Herabsetzung des Zeta-Potentials der kolloiden SiO_2-Partikel gegenüber dem Dispersionsmittel eine sofortige und nahezu komplette Ausfällung eines Hydrogels – bestehend aus einem SiO_2-Skelett und einer Al_2O_3-haltigen intermizellaren Flüssigkeit – verursacht.

Die Ausfällung eines Silicahydrogels – und dies steht im Gegensatz zu den Synthesen auf der Basis von Wasserglas – ist mit Sicherheit aus den analytischen Untersuchungen der Gelphasen und aus vergleichenden physikalisch-chemischen Untersuchungen des Fällproduktes und eines Trockenrückstandes des eingesetzten Kieselsols zu folgern:

- Zu Beginn des Syntheseprozesses wurde in der Mutterlauge kein SiO_2 nachgewiesen. In der festen Gelphase finden sich 100% des im Reaktionsgemisch enthaltenen SiO_2.

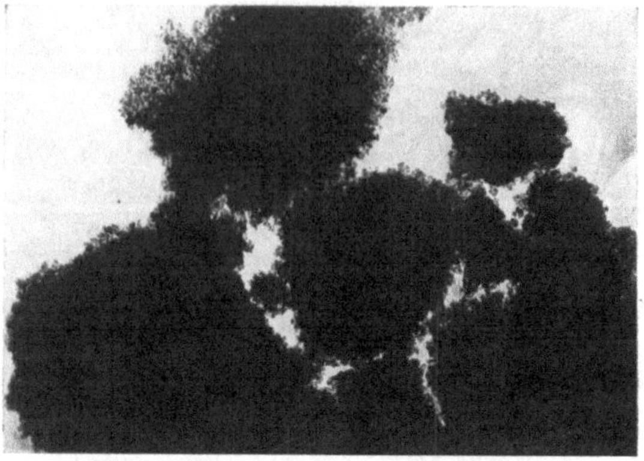

Abb. 10a

Gelphase Reaktionsmischung
$t_R = 2$ h
(20 000:1)

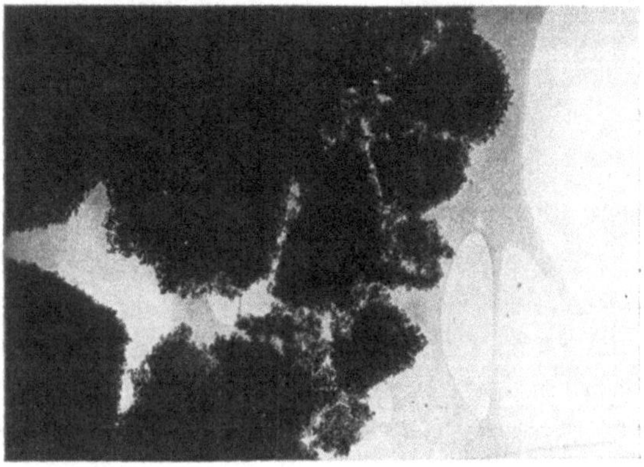

Abb. 10b

Gelphase Alkalisches Fällprodukt an dem zur Synthese eingesetzten Kieselsol
(20 000:1)

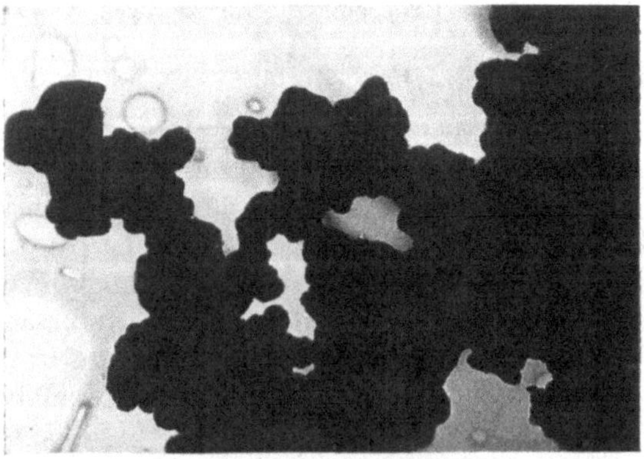

Abb. 10c

Alumosilicahydrogel nach der Fällung an einem Wasserglas/Aluminat-System (nach 10 min)
(20 000:1)

- Die N_2-Tieftemperatur-Adsorptionsisothermen eines aus dem zur Synthese eingesetzten Kieselsol frisch ausgefällten Silicahydrogels und des Reaktionsproduktes bei $t_R = 2$ h sind übereinstimmend und entsprechen dem Typ II der BDDT-Adsorptionsisothermenklassifikation [11].

- Gaschromatographisch ermittelte CH_2-Inkremente der Adsorptionswärmen von n-Kohlenwasserstoffen am Kieselsolrückstand und am primären Fällprodukt stimmen überein (ca. 1 kcal/Mol [34]).
- Elektronenmikroskopische Durchstrahlaufnahmen zeigen in 20000facher Vergrößerung einmal eine feste Gelphase dieser Reaktionsmischung nach 2 h Reaktionszeit (Abb. 10a) und zum anderen ein Silicagel, das durch alkalisches Ausfällen aus dem eingesetzten Kieselsol erhalten wurde (Abb. 10b). Beide Aufnahmen sind identisch und unterscheiden sich deutlich von einem Fällprodukt auf der Basis Wasserglas nach 10 min Reaktionszeit (Abb. 10c).
- Die Halbwertsbreite der asymmetrischen TO-Valenzschwingung des primären Fällproduktes stimmt mit der einer reinen Silicahydrogelphase überein (Abb. 5).

2. Prozeßschritt: Auflösung des Silicahydrogels

Dieses gebildete Silicahydrogel (Abb. 9) löst sich unter dem Einfluß der OH^--Ionen und in Abhängigkeit von seiner Oberfläche auf; die chemischen Bedingungen für die Auflösung dieser kolloiden Kieselsäure in niederaggregierte Silikatanionen sind gegeben. Hinweise auf diesen Auflösungsprozeß entnehmen wir folgenden Befunden:

- In zunehmendem Maße kann SiO_2 in der flüssigen Phase mit fortschreitender Reaktionszeit nachgewiesen werden (Abb. 1).
- Der Abfall der Werte der äußeren Oberfläche ist dem Abbau der SiO_2-Gelskeletteilchen im Sinne einer Auflösung zuzuschreiben (Abb. 3).
- Aus der Zunahme der Halbwertsbreite (Abb. 5) der asymmetrischen TO-Valenzschwingung ist auf Unordnungserscheinungen und auf eine Verringerung des Vernetzungsgrades der SiO_2-Polykondensate zu schließen. Die übrigen IR-spektroskopischen Daten [31] stützen diese Aussage. Beachtung verdient die Intensitätsabnahme der symmetrischen TO-Valenzschwingung bei ca. 800 cm^{-1}, die nur in typischen Silicahydrogelphasen, aber nicht in amorphen Alumosilicahydrogelphasen IR-aktiv ist.
- Die mittels Sedimentation ermittelte Sekundärteilchengröße sinkt innerhalb der Reifeperiode von 7 auf 4 μm ab.

3. Prozeßschritt: Bildung der Phase ASHG-I

Mit dem Auftreten der in ihrem Kondensationsgrad noch unterschiedlich niederaggregierten hydroxylierten Silikatanionen in der Gelphase werden diese mit den bereits vorhandenen Aluminatanionen zu Alumosilikaten reagieren:

$$-\underset{|}{\overset{|}{Si}}-OH + HO-\underset{|}{\overset{|\ominus}{Al}}- \xrightarrow[-H_2O]{} -\underset{|}{\overset{|}{Si}}-O-\underset{|}{\overset{|\ominus}{Al}}-$$

Die sich bei Raumtemperatur ausbildenden gelartigen Niederschläge, die entsprechend den Untersuchungen von SMIRNOVA u.a. [28] in alkalischen Medien schwerer löslich sind als reine Silicagele und reine Alumogele, werden von uns als Alumosilicahydrogelphase I (ASHG I) bezeichnet und bestehen aus einem Si, Al—O-Skelett und einer SiO_2-haltigen intermizellaren Flüssigkeit.

Neben analytischen Untersuchungen (Abb. 1) liefern vor allem die IR-Spektren Hinweise auf die ASHG-Bildung: Sehr deutliche Veränderungen der Wellenzahlen diverser IR-Banden (Abnahme der Wellenzahl zeigt einen Ersatz der Si-Atome durch Al-Atome an [19]), und die Abnahme der Halbwertsbreiten der asymmetrischen TO-Valenzschwingung (Abb. 5) deuten auf die Bildung eines Alumosilicagels im Sinne eines Ordnungsprozesses hin.

4. Prozeßschritt: Bildung der Phase ASHG-II

Obwohl wenige Stunden nach der Aufheizung auf Kristallisationstemperatur keine wesentlichen Veränderungen in der chemischen Zusammensetzung der festen Gelphase mehr festzustellen sind (die Bildung des Alumosilicahydrogels erscheint abgeschlossen), beobachten wir noch Veränderungen in der kolloidchemischen Natur der festen Gelphase:

- Weitere Abnahme der äußeren Oberfläche (mit langsamerer Geschwindigkeit) der festen Gelphase ab Kristallisationszeiten $t_K > 2$ h (Abb. 3);
- Abnahme der Halbwertsbreite der asymmetrischen TO-Valenzschwingung im Kristallisationszeitintervall $0 < t_K < 8$ h (Abb. 5).

Aus diesen Veränderungen ist auf die Herausbildung einer neuen Alumosilicahydrogelphase zu schließen (ASHG-I → ASHG-II im Sinne eines topochemischen Prozesses).

Diese zweite Gelphase (Abb. 9), deren Gelskelett sich im Gegensatz zu dem der Phase ASHG-I in die zeolithische Phase umwandeln kann, besitzt bereits Wesensmerkmale der späteren Zeolithstruktur. Dies veranschaulichen u.a. folgende Befunde:

- Die N_2-Tieftemperaturadsorptionsisothermen tragen den Charakter der für Zeolithe typischen Typ-I-Isotherme der BDDT-Klassifikation [11].
- Gaschromatographisch ermittelte $—CH_2$-Inkremente der Adsorptionswärmen von n-Kohlenwasserstoffen besitzen bereits die für Zeolithe typischen Werte (ca. 1,8 kcal/Mol [34]).

Gegen das Vorliegen von sekundären Bildungseinheiten [30] in diesem Stadium des Syntheseprozesses sprechen folgende Untersuchungsergebnisse:

- Bei IR-spektroskopischen Untersuchungen konnten keine Strukturelemente, wie z.B. Doppel-6-Ringe, die nach MEIER [29] SBU darstellen und nach FLANIGEN u.a. [23] durch IR-Banden im Bereich $570 < \nu < 590$ cm^{-1} angezeigt werden, nachgewiesen werden.

- Bei Röntgenkleinwinkelstreuungsuntersuchungen an Gelproben nach Kristallisationszeiten von $t_K = 4$ h bzw. 12 h konnten keine streuenden Bereiche in der Größenordnung der SBU nachgewiesen werden.

5. Prozeßschritt: Keimbildung

Der nächste Prozeßschritt innerhalb der sogenannten Inkubationsperiode (Abb. 9) ist die Auflösung der ASHG-II-Phase, die durch die in Abbildung 5 deutlich in Erscheinung tretende Auflockerung eingeleitet wird. Auch abnehmende Quecksilber- und Methanol-Dichtewerte kennzeichnen diesen nach einer Kristallisationszeit von $t_K > 8$ h beginnenden Prozeß. Diese Auflösung führt zu einer Anreicherung der flüssigen Phase an Aluminat- und Silikatanionen mit unterschiedlichen, aber niederen Kondensationsgraden bis zur Übersättigung.

Der im folgenden dargestellte Prozeß entspricht den von TEZAK [30] vorgeschlagenen Vorstellungen zur homogenen Keimbildung: In der Flüssigphase werden sich unter Ausnutzung bestehender zufälliger Dichteschwankungen Komplexe (Abb. 9) bilden; unter diesen Komplexen können z.B. die von KERR [7] oder MEIER postulierten „sekundären Bildungseinheiten" [29] verstanden werden. Die Größe der daraus sich entwickelnden Keime ist unseren Untersuchungen nicht zugänglich.

Die Keime stellen nach TEZAK wachsende Einheiten mit einem Kern an „idealer fester Struktur" dar. Diese bisher geschilderten Prozeßstufen (homogene, spontane Keimbildung) spielen sich im Zeitintervall $8 < t_K < 20$ h ab; wir konnten bereits nach einer Kristallisationszeit von $t_K = 8$ h erste Hinweise für das Auftreten einer mikroporösen Struktur („ideale feste Struktur") erhalten (Abb. 3, 4).

6. Prozeßschritt: Kristallwachstum

Nach dem Erreichen einer kritischen Größe setzt auf den Keimen das Kristallwachstum zu den Primärpartikeln ein. Diese Primärpartikel, deren Größe noch im Bereich kolloider Dimensionen liegt, sind mit röntgenographischen Methoden zugänglich (Abb. 8). Mittels Elektronenmikroskopie direkt zugänglich sind erst die sogenannten Sekundärpartikel, die im Falle des Zeolith Y Durchmesser von 0,5–1 μm besitzen und zufällige Aggregationen von Primärpartikeln zu mosaikartig aufgebauten Körnern darstellen.

7. Prozeßschritt: Alterungsperiode

Wichtig und notwendig, besonders im Hinblick auf die thermische und hydrothermale Stabilität des Kristallisates [31], erscheint uns nach Abschluß der Kristallwachstumsperiode eine sogenannte Alterungsphase (Abb. 9). Hierbei durchlaufen die entstandenen Kristalle, die in ihrem Inneren – wie aus

Gitterkonstantenuntersuchungen [31, 37] zu schließen ist – heterogen aufgebaut sind und sich deshalb mit der Mutterlauge nicht im thermodynamischen Gleichgewicht befinden, einen Alterungsprozeß in der Form, wie er von OSTWALD [36] beschrieben wurde.

Im Extremfall setzen Rekristallisationsprozesse zu den thermodynamisch stabilen Zeolithen ein (z.B. Analzim [31, 35]).

In einer weiteren Veröffentlichung [35] wird die Leistungsfähigkeit des vorgeschlagenen Modells bei Variation technologischer Parameter des Zeolith-Y-Bildungsprozesses beschrieben.

5. Literatur

[1] D. W. BRECK: Deutsche Auslegungsschrift 1098929 (1958).
[2] D. W. BRECK: Deutsche Auslegungsschrift 1164384 (1959).
[3] D. W. BRECK, E. M. FLANIGEN: 1. Internat. Zeolithkongreß, London 1967.
[4] W. ROSCHER: unveröffentlicht.
[5] E. M. FLANIGEN, D. W. BRECK: 137. Meeting ACS; Cleveland, 1960.
[6] JA. V. MIRSKIJ, V. V. PIROZKOV in: Adsorbentien – ihre Herstellung, Eigenschaften und Anwendung, Izd-vo Nauka, Leningrad 1971.
[7] G. T. KERR: J. of Phys. Chem. **70** (1966) 1047; **72** (1968) 1385.
[8] S. P. ŽDANOV, N. N. SAMULEVIC, M. A. SUBAEVA in: Adsorbentien – ihre Herstellung, Eigenschaften und Anwendung, Izd-vo Nauka, Leningrad 1971;
S. P. ŽDANOV: 2. Internat. Zeolithkongreß, Worcester 1970;
L. ANGELL, H. FLANK: 4. Internat. Zeolithkongreß, Chicago 1977.
[9] J. CIRIC: J. of Coll. and Interf. Sci **28** (1968) 315.
[10] D. W. BRECK: J. of Chem. Educ. **41** (1964) 678.
[11] S. BRUNAUER, L. S. DEMMING, W. E. DEMMING u.a.: J. Amer. Chem. Soc. **62** (1940) 1723.
[12] R. M. BARRER: J. of Coll. and Interf. Sci. **21** (1966) 415.
[13] J. FRENKEL: Kinetic theory of Liquids, Oxford Univ. Press London 1946.
[14] G. D. HALSEY: J. Chem. Phys. **16** (1948) 931.
[15] T. L. HILL: Adv. in Catalysis; Vol. LC; Academic Press, New York 1952.
[16] C. PIERCE: J. of Phys. Chem. **63** (1959) 1076; **64** (1960) 1184.
[17] F. MATOSSI, H. KRÜGER: Z. f. Physik **99** (1936) 1;
F. MATOSSI, O. BRONDER: ibid. **111** (1938) 1;
C. SCHAEFFER, F. MATOSSI, K. WIRTZ: ibid. **89** (1934) 210.
[18] E. R. LIPPINCOTT, A. VAN VALKENBURG, C. E. WEIR u.a.: J. of Res. Nat. Bur. Std. **A 61** (1958) 61.
[19] R. C. MILKEY: Amer. Mineral. **45** (1966) 990.
[20] B. D. SAKSENA: Trans. Faraday Soc. **57** (1961) 242.
[21] H. LEHMANN, H. DUTZ: Tonindustrietg. **83** (1959) 219.
[22] F. WOLF, H. FÜRTIG: ibid. **90** (1960) 310;
F. WOLF, H. FÜRTIG, H. KNOLL: Chem. Techn. **23** (1971) 368;
F. WOLF, U. HÄDICKE: Tonindustrie-Ztg. **91** (1967) 48.

[23] E. M. Flanigen, H. Khatami, R. A. Szymanski: 2. Internat. Zeolithkongreß, Worchester 1970.
[24] C. R. Adams, H. H. Voge: J. of Phys. Chem. **61** (1957) 722.
[25] H. Grund: Diss. Bergakademie Freiberg 1966.
[26] A. Kochendörfer: Z. Kristallogr., Mineralog., Petrogr. Abt. A **105** (1944) 393.
[27] R. Seidel, H. Koepernik, W. Roscher u.a.: Vortrag III. Internat. Katalysenkongreß der DDR, Reinhardsbrunn 1974.
[28] M. F. Smirnova, A. P. Dusina, V. B. Alskovskij: Z. prikl. chim. **38** (1965) 47.
[29] W. M. Meier: 1. Internat. Zeolithkongreß, London 1967.
[30] B. Tezak: Disc. Farad. Soc. **42** (1966) 175.
[31] R. Seidel: Diss. Universität Halle–Wittenberg 1973.
[32] B. Fahlke, W. Wieker, E. Thilo: Z. f. anorg. allgem. Chem. **347** (1966) 82.
[33] S. Hafner, P. Laves: Z. Kristallogr. **109** (1957) 204;
F. Laves, S. Hafner: ibid. **108** (1956) 52.
[34] L. V. Kejbal, A. V. Kiselev, I. M. Savinov u.a.: Z. fiz. chim. **41** (1967) 2234.
[35] H. Fürtig, F. Wolf, R. Seidel: in Vorbereitung.
[36] K.-H. Lieser: Angew. Chem. **81** (1969) 206.
[37] F. Tempere, D. Delafosse, P. Contour: 4. Internat. Zeolithkongreß, Chicago 1977.

Helmut Fürtig, Friedrich Wolf, Rüdiger Seidel

Zum Einfluß wesentlicher Syntheseparameter auf die Bildung des Zeolithtyps Y im System $Na_2O-Al_2O_3-SiO_2$(Kieselsol)$-H_2O$ (Teil 2)

Inhaltsübersicht

Der Bildungsprozeß des hochsilikatischen Zeolith Y wurde im System $Na_2-Al_2O_3-SiO_2$(Kieselsol)$-H_2O$ bei Variation folgender Syntheseparameter untersucht:
- Alkalität der Reaktionsmischung
- Dauer der Reifezeit
- Kristallisationstemperatur
- Rühreinfluß auf den Syntheseablauf
- Größe der kolloiden SiO_2-Partikel im Kieselsol
- Ultraschallbehandlung des Alumosilicahydrogels

Aus diesen Untersuchungen resultieren drei primäre Beeinflussungsfaktoren der Zeolith-Y-Synthese als wesentlich:
- Kristallisationstemperatur T_K
- OH^--Ionenkonzentration
- kolloidchemische Natur des primär ausgefällten Silicahydrogels

Die Variation dieser Beeinflussungsfaktoren gestattet bei Kenntnis des vorgeschlagenen Zeolithbildungsmechanismus die gezielte Veränderung des Eigenschaftsbildes von Zeolith Y, besonders hinsichtlich seiner
- Adsorptionseigenschaften,
- chemischen Zusammensetzung,
- sekundären Teilchengröße,
- thermischen und hydrothermalen Stabilität und
- kristallinen Reinheit.

1. Einleitung

Am Beispiel einer Reaktionsmischung mit der Zusammensetzung $2{,}97\ Na_2O \cdot Al_2O_3 \cdot 9\ SiO_2$(Kieselsol) $\cdot\ 119\ H_2O$ und auf der Basis analytischer sowie physikalisch-chemischer Untersuchungen wurde ein Modell der Bildung von Zeolith Y entworfen [1]. Dieses Modell soll Ausgangspunkt für Untersuchungen zur Zeolith-Y-Synthese bei veränderten Syntheseparametern sein. Während für den Typ X viele Arbeiten über die Beeinflussung der Eigenschaften durch die verschiedensten Parameter bekannt sind (z.B. [2–6]), existieren nur wenige Arbeiten zu diesen Problemen am Typ Y [4, 5, 7, 9].

Ziel dieser Arbeit soll es weiterhin sein, bei der Zeolith-Y-Synthese die Bildung des unerwünschten Nebenproduktes Zeolith B [10–14] zu untersuchen.

Im einzelnen wurden folgende Abweichungen vom in [1] beschriebenen Syntheseverlauf untersucht:

- veränderte Zusammensetzung des Reaktionsgemisches $3{,}04\ Na_2O \cdot Al_2O_3 \cdot 8\ SiO_2 \cdot 122\ H_2O$
- Variation der Reifezeit ($t_R = 3, 6, 11$ h)
- Variation der Kristallisationstemperatur ($T_K = 100, 130\,°C$)
- Variation der SiO_2-haltigen Rohstoffe (Variation der Größe der kolloiden SiO_2-Partikel im Kieselsol: 50–150 Å)
- Einfluß der Rührbewegung auf den Syntheseablauf

2. *Experimentelles*

Die Untersuchungen zur Synthese des Zeolith Y wurden wie in [1] beschrieben, ausgeführt.

3. *Erhöhung der Alkalität*

Während die in [1] untersuchte Zusammensetzung der Reaktionsmischung von $2{,}97\ Na_2O \cdot Al_2O_3 \cdot 9\ SiO_2 \cdot 119\ H_2O$ gemäß dem von Roscher [12] angegebenen Synthesefelddiagramm einen Zeolith Y mit einem $SiO_2 : Al_2O_3$-Molverhältnis von $M \sim 5{,}3$ ergibt, wurde nun eine Reaktionsmischung mit der Zusammensetzung

$$3{,}04\ Na_2O \cdot Al_2O_3 \cdot 8\ SiO_2 \cdot 112\ H_2O$$

gewählt, aus der ein Zeolith Y mit einem Modul von $M \sim 4{,}5$ kristallisiert. Die Auswertung der bekannten Literatur läßt bei Erhöhung des $Na_2O : SiO_2$-Molverhältnisses (in unserem Falle $0{,}33 \rightarrow 0{,}38$) und bei Erniedrigung des $SiO_2 : Al_2O_3$-Molverhältnisses (in unserem Falle $9{,}0 \rightarrow 8{,}0$) in der Ansatzmischung eine Verringerung des SiO_2-Al_2O_3-Molverhältnisses im entstehenden Zeolithen erwarten [5, 12–14]. Außerdem müßten Literaturangaben zufolge die Kristallisationsgeschwindigkeit ansteigen und die Inkubationsperiode sich verkürzen [4, 15, 16].

Eine Erhöhung des Molverhältnisses $Na_2O : SiO_2$ sollte zudem noch eine Erhöhung der Sekundärteilchengröße bewirken [2, 5, 4, 17].

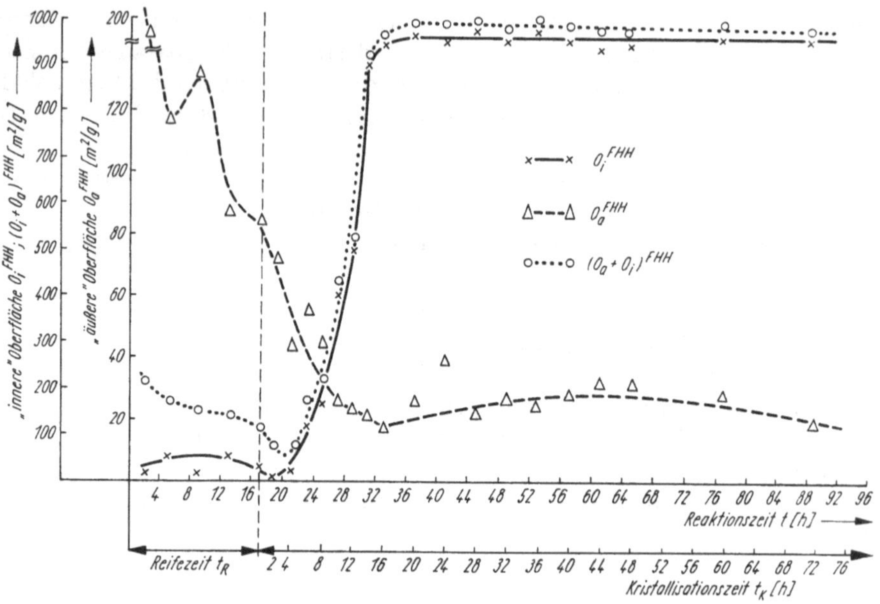

Abb. 1 Abhängigkeit der nach der FHH-Theorie ermittelten Oberflächenwerte von der Reaktionszeit

Der von uns durchgeführte Syntheseprozeß – in Abbildung 1 am Beispiel von Adsorptionsuntersuchungen mit N_2 dargestellt – bestätigt die in der Literatur beschriebenen Effekte:

- Der röntgenographisch ermittelte Modulwert [28] beträgt für die komplett kristallisierten Proben M ~ 4,5...4,8. Die Ursache für die Modulverringerung ist nach KUEHL [18], SENDEROV [13] und ŽDANOV [19] in einer Abnahme des Hydroxylierungsgrades der Silikatanionen- und Aluminatanionen bei erhöhter Alkalität zu suchen:

$$-\overset{|}{\underset{|}{\mathrm{Si}}}-\mathrm{OH} + \mathrm{Na^+} + \mathrm{OH^-} \rightleftharpoons \mathrm{H_2O} + -\overset{|}{\underset{|}{\mathrm{Si}}}-\mathrm{ONa}$$

aktive Form inaktive Form

- Die Inkubationszeit verringert sich von $t_i = 24$ h bei dem in [1] beschriebenen Reaktionsgemisch auf einen Wert von $t_i = 2$ h bei dieser Versuchsserie.
- Die Kristallisationsgeschwindigkeit hat sich bei der hier untersuchten Versuchsserie gegenüber dem in [1] beschriebenen Ausgangsansatz verdoppelt.
- Die Sekundärteilchengröße hat sich verringert:

$$r_s\ (2{,}97\ \mathrm{Na_2O}\ \ldots) = 1{,}5\ \mu\mathrm{m}$$

$$r_s\ (3{,}04\ \mathrm{Na_2O}\ \ldots) = 1{,}1\ \mu\mathrm{m}$$

Nach FLANIGEN/BRECK [4] soll lediglich das Kristallwachstum durch einen erhöhten Alkaligehalt katalysiert werden. KERR [15] ist der Auffassung, daß durch eine schnellere Gelauflösung mehr Keime gebildet werden, die einmal für ein schnelleres Kristallwachstum sorgen und zum anderen die resultierende kleinere Sekundärteilchengröße bedingen.

Wir sind hingegen der Meinung, daß in unserem System die erhöhte OH^--Ionenkonzentration bereits die Fällung des Silicahydrogels beeinflußt und somit schon andere Bedingungen für den weiteren Zeolithbildungsprozeß schafft.

Während wir im Falle des Normalansatzes [1] eine BET-Oberfläche des primären Fällproduktes von $O^{BET} = 166$ m²/g (bzw. äußere Oberfläche $O_a^{FHH} = 130$ m²/g) ermitteln konnten, betrug diese im Falle des Ansatzes mit erhöhtem $Na_2O:SiO_2$-Molverhältnis $O^{BET} = 199$ m²/g (bzw. äußere Oberfläche $O_a^{FHH} = 194$ m²/g). Diese erhöhten Oberflächenwerte führen nach der von O'CONNOR/GREENBERG [20] angegebenen Beziehung zu einer erhöhten Auflösungsgeschwindigkeit des primär ausgefallenen Silicahydrogels:

$$\frac{dc}{dt} = k_1 \cdot O - k_2 \cdot c \cdot O, \quad \text{wobei}$$

c — die Konzentration der Monokieselsäure
t — die Zeit
O — die spezifische Oberfläche
k_1 — die Auflösungskonstante und
k_2 — die Kondensationskonstante bedeuten.

Nach O'CONNOR ist der Term $k_2 \cdot c \cdot O$ in alkalischen Lösungen vernachlässigbar klein.

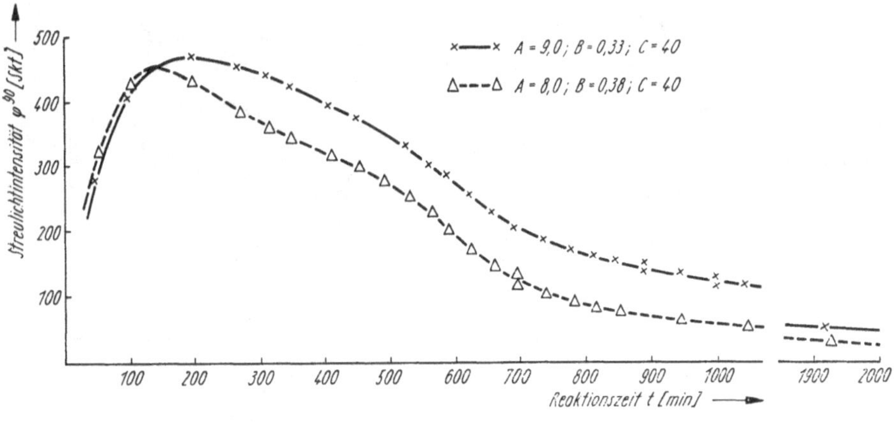

Abb. 2 SiO_2-Partikelabbau bei unterschiedlicher Alkalität der Reaktionsmischung
Molverhältnisse in der Ansatzmischung: A = SiO_2/Al_2O_3; B = Na_2O/SiO_2; C = H_2O/Na_2O

Die in Abbildung 2 dargestellte tyndallometrisch ermittelte Abbaufunktion der SiO_2-Mizellen bestätigt dies.

(Bei der Ermittlung dieser Abbaukurven wurden die Rohstoffe gemäß der angegebenen Reaktionsgemischzusammensetzung, jedoch ohne den Al_2O_3-Anteil, zusammengegeben und bei Raumtemperatur ständig gerührt.)

Infolge der schnelleren und zahlreicheren Bereitstellung niederaggregierter Silikatanionen kann sich innerhalb kürzerer Zeit die Phase ASHG-I ausbilden. Bei gleichbleibender Reifezeit von $t_R = 17$ h vollzieht sich somit ein größerer Teil der topochemischen Reaktion ASHG-I $\rightarrow$ ASHG-II bei Normaltemperatur.

Wir sind der Auffassung, und dies wird durch die Versuche zur Variation der Reifezeit gestützt, daß die Temperatur, bei der sich der Übergang ASHG-I $\rightarrow$ ASHG-II vollzieht, von entscheidendem Einfluß auf die Löslichkeit der ASHG-II-Phase ist.

Die bei Normaltemperatur sich langsamer vollziehende Umwandlung schafft unserer Meinung nach leichter lösliche Bezirke im Alumosilicagel-II.

Hinzu kommt, daß die Auflösung der ASHG-II-Phase selbst noch durch die erhöhte Alkalität beschleunigt wird. Aus der Summation all dieser durch die OH^--Ionenkonzentration hervorgerufenen beschleunigenden Faktoren ergibt sich die kurze Zeitdauer von 2—4 h für die der Inkubationsperiode zugrunde liegenden Prozeßschritte.

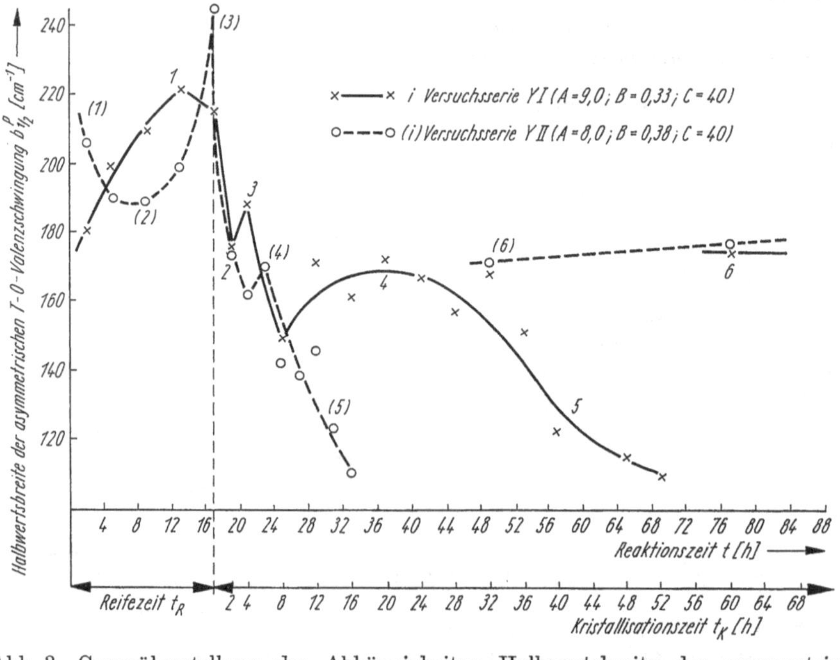

Abb. 3 Gegenüberstellung der Abhängigkeiten Halbwertsbreite der asymmetrischen TO-Valenzschwingung $b^P_{1/2}$ Reaktionszeit t der Versuchsserien YI und YII

Die unterschiedliche Dauer der einzelnen Prozeßschritte wird unserer Meinung nach besonders eindrucksvoll in der Gegenüberstellung der Halbwertsbreiten der asymmetrischen TO-Valenzschwingungsbande in den festen Phasen der beiden Versuchsserien gezeigt (Abb. 3).

Die Zahlen an markanten Kurvenpunkten entsprechen folgenden Prozeßstufen bzw. -stadien:

1, (1): reaktionsbereites SiO_2-Hydrogel mit starken, den Auflösungsprozeß unterstützenden Auflockerungserscheinungen liegt vor. Man kann annehmen, daß im Falle der alkalireicheren Reaktionsmischung bereits ein reaktionsbereiteres SiO_2-Gelskelett ausfällt.

2, (2): Alumosilicahydrogeiphase (ASHG-I) liegt vor.

3, (3): reaktionsbereites ASHG-II liegt vor.
Die Bildungsgeschwindigkeit der ASHG-II-Phase, die in der alkalireicheren Ansatzserie innerhalb der Reifeperiode vonstatten geht, ist entsprechend der niederen Temperatur geringer als im Falle der Versuchsserie mit einer Zusammensetzung 2,97 Na_2O ..., bei der der Hauptteil an ASHG-II-Phase bei einer Reaktionstemperatur von 90 °C gebildet wird. Die unterschiedlichen Bildungsgeschwindigkeiten können unserer Meinung nach Unterschiede in den ASHG-II-Phasen bezüglich ihrer Löslichkeit verursachen. Die absoluten Werte der Halbwertsbreiten an den Punkten 3 bzw. (3) charakterisieren ebenfalls den reaktionsbereiteren Zustand der ASHG-II-Phase der alkalireicheren Versuchsserie.

4, (4): Keimbildungsstufen

5, (5): Kristallwachstumsprozeß

6, (6): Einleitung des Rekristallisationsprozesses

Zusammenfassend können wir feststellen, daß die Ergebnisse dieser Untersuchungen das in [1] entwickelte Zeolithbildungsmodell bestätigen.

4. Variation der Reifezeitdauer

Über eine Einflußnahme der Dauer des Reifeprozesses auf das Zeolitheigenschaftsbild liegen unseres Wissens keine umfassenden Untersuchungen vor. Von Breck/Flanigen [4] wird lediglich festgestellt, daß die Kristallinität des Endproduktes bei Erhöhung der Reifezeit ansteigt. Über die sich innerhalb der Reifeperiode abspielenden Vorgänge existieren in der Literatur keine einheitlichen Vorstellungen. Während nach Polak [6] Ordnungsvorgänge in der Gelstruktur stattfinden, werden von Breck/Flanigen [4] Vorgänge zur Gleichgewichtseinstellung zwischen den beiden Gelphasen diskutiert. Nach Schwochow/Heinze [8] besteht die Aufgabe der Reifeperiode im System $Na_2O-Al_2O_3-SiO_2$(Kieselsol)$-H_2O$ in der Schaffung einer genügend hohen SiO_2-Konzentration in der flüssigen Gelphase.

POLAK [8] vertritt weiterhin die Auffassung, daß sich Alumosilicagele mit einer definierten Teilchengröße ausbilden müssen. Die optimale Größe dieser „Urteilchen" soll für das Reaktionsgemisch auf der Basis Kieselsol 100–150 Å betragen.

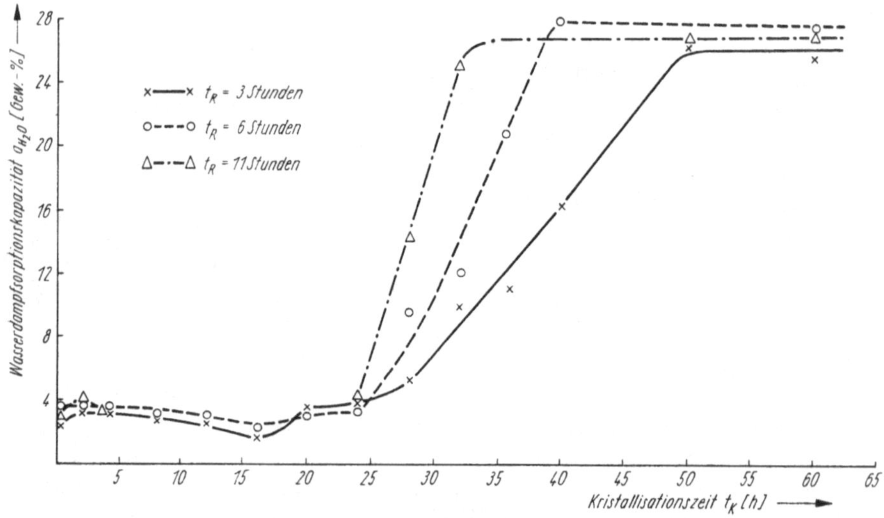

Abb. 4 Wasserdampfsorptionskapazität in Abhängigkeit von der Kristallisationszeit bei variierter Reifezeit

In Abbildung 4 ist der Zeolithbildungsverlauf bei veränderter Reifezeit anhand der Wasserdampfadsorptionskapazitäten (20 °C, 0,6 Torr) dargestellt. Unsere Untersuchungen gestatten folgende Aussagen:

- Die Inkubationszeit unterschiedlich lange gereifter Gele bleibt konstant ($t_i \sim$ 24 h).
- Die Kristallisationsgeschwindigkeit erhöht sich mit der Reifezeitdauer.
- Die Sekundärteilchengröße sinkt mit steigender Reifezeitdauer.

Unter Bezug auf das vorgestellte Zeolithbildungsmodell [1] vollziehen sich die ersten Teilschritte:

- Auflösung des Gelskeletts (SiO_2)
- Bildung des ASHG-I
- teilweise Umwandlung ASHG-I → ASHG-II (wobei sich der Umwandlungsgrad nach der Reifezeit richtet) völlig analog, denn die Ausgangsgemische für die Zeolithsynthesen waren völlig gleich und wurden auch gleichermaßen behandelt.

Aus dem unterschiedlichen Umsetzungsgrad zum Zeitpunkt des Überganges vom Nieder- zum Hochtemperaturschritt der Reaktion (am Ende der vorgegebenen Reifezeit) ergeben sich unserer Meinung nach die Ursachen für den

Unterschied im weiteren Kristallisationsverlauf. Die von uns aufgestellte Hypothese besteht darin, daß die mit langsamer Geschwindigkeit bei Raumtemperatur, also innerhalb der Reifeperiode, verlaufende Umsetzung ASHG-I → ASHG-II lösliche Bezirke im ASHG-II, sogenannte Pseudokeime, schafft, im Gegensatz zu dem bei höherer Temperatur mit höherer Geschwindigkeit ablaufenden Umsetzungsanteil.

Unter diesen Pseudokeimen können wir uns ebenfalls Komplexe in der Form der „Art S" [15] bzw. „sekundäre Bildungseinheiten" [21] vorstellen.

Je länger die Reifezeit ist, desto größer ist der Umsetzungsgrad der topochemischen Reaktion bei Raumtemperatur, desto größer ist die Anzahl der löslichen Komplexe und späterer Keime, und desto höher wird die Kristallwachstumsgeschwindigkeit sein.

Die Kristallwachstumsperiode beginnt erst nach dem Erreichen einer kritischen Keimgröße; die Kristallisationsgeschwindigkeit wird durch die Keimzahl bestimmt. Für letzteren Fakt spricht die kleinere Sekundärteilchengröße mit zunehmender Reifezeit. Aus diesen Vorstellungen kann weiter gefolgert werden, daß die löslichen Bezirke im ASHG-II (Pseudokeime) als solche in Lösung gehen und die von Tezak [29] als Vorstufe der eigentlichen Keime angesehenen Komplexe darstellen.

5. *Variation der Kristallisationstemperatur*

Mit folgenden Wirkungen muß Literaturangaben zufolge bei Erhöhung der Kristallisationstemperatur gerechnet werden:

- Änderung der Kristallisationsrichtung [4, 2, 18, 21, 14, 19]. Nach Kuehl [18] entstehen bei höheren Kristallisationstemperaturen dichtere Materialien; Breck/Flanigen [4] und Grasshoff [21] sind der Meinung, daß im untersuchten System die thermodynamisch stabilere Phase Zeolith B entsteht. Barrer u.a. [10], Regis u.a. [22] geben Analzim als Endprodukt der hydrothermalen Hochtemperatursynthese an.
- Verringerung der Inkubationszeit [21, 23]
- Erhöhung der Kristallisationsgeschwindigkeit [4, 14, 19, 21, 23, 24, 30].

Unsere bei Kristallisationstemperaturen von $T_K = 98$ und 130 °C ausgeführten Syntheseexperimente bestätigen die o.a. Ergebnisse. Die Abbildung 5 zeigt den Reaktionsablauf bei einer Kristallisationstemperatur von $T_K = 130$ °C. Deutlich sind die verkürzte Inkubationszeit und die erhöhte Kristallisationsgeschwindigkeit wahrnehmbar.

Als Ursache für die Verringerung der Inkubationszeit t_i sehen wir die erhöhte Auflösungsgeschwindigkeit der ASHG-II-Phase mit steigender Temperatur an. Die Keimbildungsgeschwindigkeit wird sich infolge der verminderten

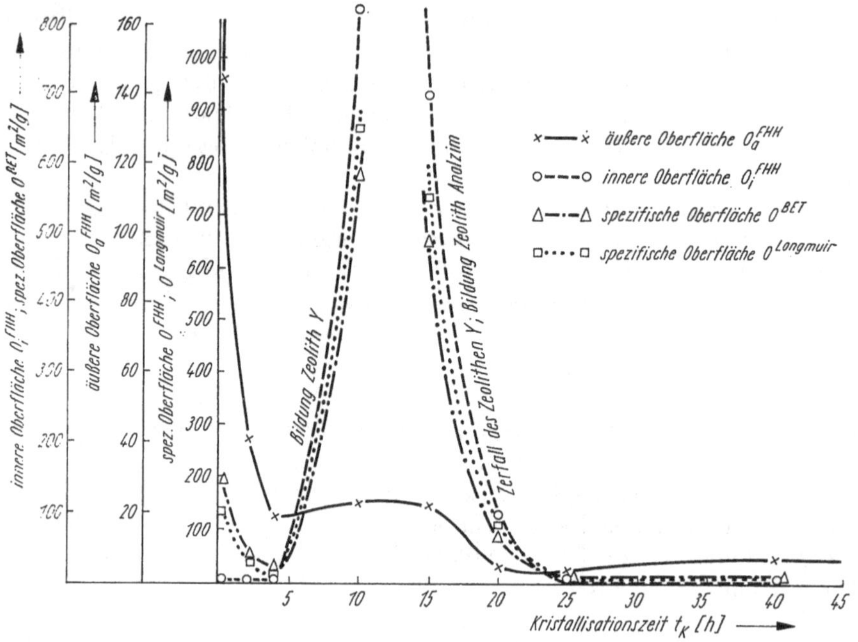

Abb. 5 Abhängigkeit der inneren und äußeren Oberfläche von der Kristallisationszeit

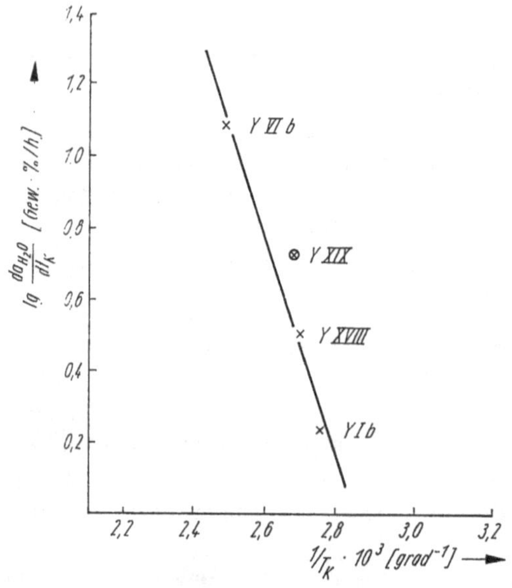

Abb. 6 Abhängigkeit des Logarithmus der Kristallisationsgeschwindigkeit v_{krist} von der reziproken absoluten Temperatur $1/T_K$

Viskosität bei Temperatursteigerung und den daraus resultierenden besseren Diffusionsmöglichkeiten ebenfalls erhöhen. Auf der Basis der Kristallisationskurven konnten wir eine Aktivierungsenergie für den Kristallwachstumsprozeß des Zeolithtyps Y von $E_A = 13{,}9$ kcal/Mol ermitteln (Abb. 6). Dieser Wert steht in sehr guter Übereinstimmung mit dem von BRECK/FLANIGEN [4] ermittelten Wert von 14 kcal/Mol für den Kristallisationsprozeß eines Linde-Y-Zeoliths.

Da der Zeolith Y wie die meisten der als Molekularsiebe bekannten Zeolithe eine metastabile Phase darstellt, setzen bei höheren Temperaturen bedeutend schneller Rekristallisationsprozesse zu den thermodynamisch stabilen Zeo-

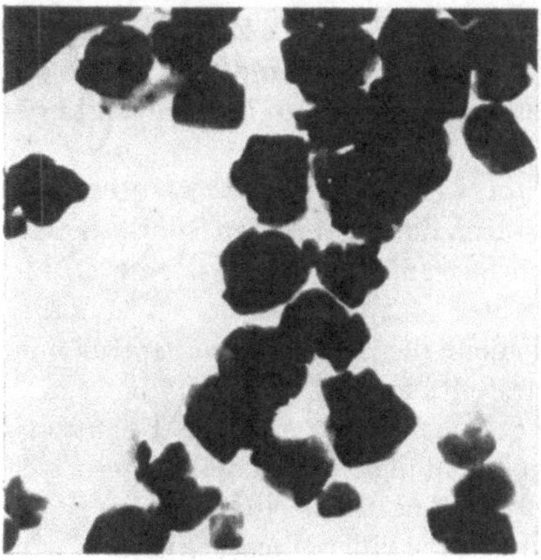

Abb. 7a) Durchstrahlaufnahme
$t_R = 11$ h
$t_K = 15$ h
Zeolith Y (6000:1)

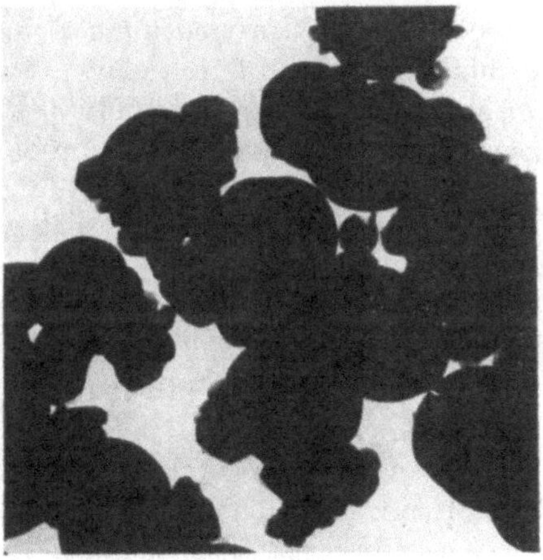

Abb. 7b) Durchstrahlaufnahme
$t_R = 11$ h
$t_K = 20$ h
Gemisch (6000:1)

Abb. 7c) Durchstrahlaufnahme
$t_R = 11$ h
$t_K = 30$ h
Zeolith Analzim (6000:1)

lithen ein, in unserem Fall zum Zeolith Analzim. Deutlich zeigt Abbildung 5 anhand der Adsorptionseigenschaften den Zerfall des Zeolithen Y. Die Entstehung des Zeoliths Analzim ab Kristallisationszeiten $t_K > 15$ h läßt sich eindeutig anhand röntgenographischer und IR-spektroskopischer Untersuchungen belegen. Der sich ausbildende Zeolith Analzim ist im Gegensatz zum Zeolith Y durch eine sehr geringe Adsorptionsfähigkeit gekennzeichnet:

$$a_{H_2O} = 1 \text{ g}/100 \text{ g}$$
$$O^{BET} = 2 \text{ m}^2/\text{g}$$
$$O_i^{FHH} = 0 \text{ m}^2/\text{g}.$$

Neben den o.a. Untersuchungen zeigt sich die Bildung des Zeoliths Analzim in Abbildung 5 auch durch ein weiteres Absinken der äußeren Oberfläche an. In Abbildung 7 ist der Umwandlungsprozeß des Zeolith Y zu den großen kugeligen Teilchen des Zeolith Analzim dargestellt.

Im Gegensatz zu den Beobachtungen von Knop [2] und Grasshoff [21] konnte in keiner der bei erhöhten Temperaturen durchgeführten Synthesen die Bildung des parasitären Zeoliths B beobachtet werden. Wir müssen auf Grund des aus Abb. 5 ersichtlichen Syntheseverlaufes und weiterer bei 98 °C ausgeführter Syntheseversuche annehmen, daß nicht die erhöhte Temperatur eine der Ursachen für die Zeolith-B-Bildung darstellt, sondern allein die Bewegung der Reaktionsmischung infolge Rührung oder auch durch siedende Reaktionsmischungen. Dieses Verhalten ist jedoch in Abhängigkeit von den eingesetzten Rohstoffen zu betrachten. Aus einer Zeolith-Y-Ansatzmischung auf der Basis von Kieselsol kristallisierte auch bei einer Kristallisationstemperatur von $T_K = 101$ °C (siedender Ansatz) ein Zeolith-B-freier Y-Zeolith.

6. Einfluß der Rührbewegung auf die Zeolith-Y-Synthese

In vielen Arbeiten über die Zeolithsynthesen wird auf den schädigenden Einfluß von Rührbewegungen hingewiesen [2, 3, 8, 16, 25]. Besonders am Beispiel des Zeolith X konnten Änderungen der Kristallisationsrichtung bei Synthesen unter dem Einfluß von Rührbewegungen nachgewiesen werden. In den meisten Fällen wurde dabei Zeolith B nachgewiesen.

Von Piguzova [5] wurde darauf hingewiesen, daß Rührbewegung während der Kristallisation die Teilchengröße der Zeolithpartikel herabsetzt.

Ciric [26] hingegen stellte keinerlei Beeinflussung der Zeolith-A-Synthese durch Rührung fest.

Unsere Ergebnisse (Rührung während der Kristallisationszeit) – in Abbildung 8 dargestellt – bestätigen die o.a. Beobachtungen nur zum Teil:

- Die Inkubationsperiode verlängert sich infolge der Rührbewegung. Es ist anzunehmen, daß die Bildung des ASHG-II durch eine ständige Bewegung der Gelteilchen und Verschiebung gegeneinander verzögert wird. Gleicher-

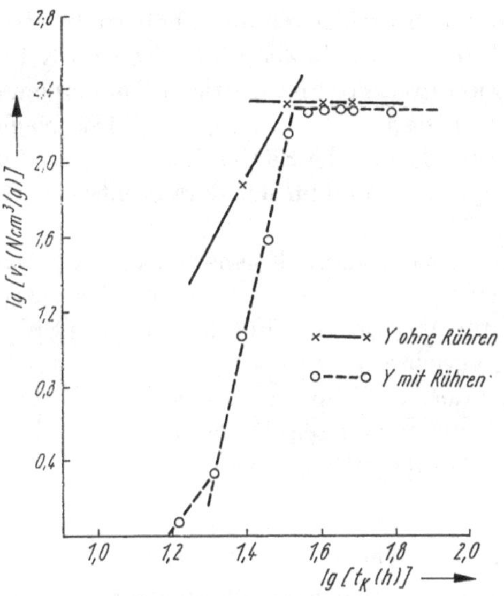

Abb. 8 Darstellung des Kristallisationsverlaufes unter Rühren in den Koordinaten lg [v_i(Ncm³/g)], lg [t_K(h)] (nach CIRIC [26])

maßen störend wirkt sich die Bewegung der gelförmigen Partikel auf die homogene Keimbildung aus.

- Die Kristallisationsgeschwindigkeit erhöht sich geringfügig infolge der Rührbewegung. Als Ursache für diese Erscheinung sehen wir die Verbesserung des Diffusionsprozesses (Antransport der löslichen komplexen Ionen). Eine größere Keimanzahl als Ursache für die erhöhte Kristallisationsgeschwindigkeit halten wir für unwahrscheinlich, da keinerlei Auswirkungen der Rührbewegung [30] auf die Sekundärteilchengröße festzustellen waren.
- Die Bildung unerwünschter Nebenprodukte konnte weder mit röntgenographischen noch mit anderen Untersuchungsmethoden nachgewiesen werden.
- Die unter Rühren kristallisierten Y-Zeolithe besitzen infolge der ständig herrschenden Gleichgewichtsverhältnisse um die damit homogener wachsenden Keime und Kristalle eine höhere Stabilität als die in Ruhe kristallisierten Zeolithe [30]. Es entfällt somit für den gerührten Ansatz die Notwendigkeit einer Alterungsperiode.

7. *Einfluß der Kieselsoleigenschaften*

Dem Einfluß der Rohstoffe wird bei Zeolithsynthesen eine große Bedeutung beigemessen. Besonders bei der Faujasitsynthese wird die Kristallisationsrichtung entscheidend von dem Zustand des SiO_2-liefernden Rohstoffes beeinflußt

[2, 8, 9, 18, 21]. Nach KUEHL [18] entstehen bei Verwendung „höherpolymerisierter“ SiO_2-Verbindungen dichtere Materialien, z. B. Zeolith B, Zeolith ZK 15.

Weiterhin beeinflußt der Kondensationsgrad der SiO_2-haltigen Komponente das $SiO_2:Al_2O_3$-Molverhältnis im kristallisierten Zeolith [8, 9, 5, 18]. Nach LIPKIND [9] wird durch die steigende Mizellgröße der SiO_2-Teilchen der Modul in der festen Gelphase des Alumosilicahydrogels und im sich daraus entwickelnden Zeolith erhöht.

Obwohl bereits Versuche unternommen wurden, die Eigenschaften der SiO_2-Teilchen im Kieselsol durch eine „Prädepolymerisation“ zu variieren [5, 18, 27], wurde unseres Wissens noch nicht weiter über den Einfluß der Kieselsol-SiO_2-Mizellgröße auf die Zeolith-Y-Bildung berichtet.

Bei konstanter Zusammensetzung der Reaktionsmischung ($2{,}97\,Na_2O \cdot Al_2O_3 \cdot 9\,SiO_2 \cdot 119\,H_2O$) unter Verwendung von Kieselsolen mit folgenden elektronenmikroskopisch bestimmten [1] mittleren Mizellgrößen

$$d_{KS} = 50,\ 77,\ 95,\ 120,\ 154\ \text{Å}$$

lassen unsere Untersuchungen folgende Aussagen zu:

- Die Inkubationszeit verlängert sich mit steigender SiO_2-Mizellgröße von $t_i \sim 18$ h bei einem Sol mit einer Mizellgröße von $d_{KS} \sim 50$ Å auf $t_i \sim 32$ h bei $d_{KS} \sim 150$ Å (Abb. 9). Die Ursache für diese Erscheinung ist in der Aus-

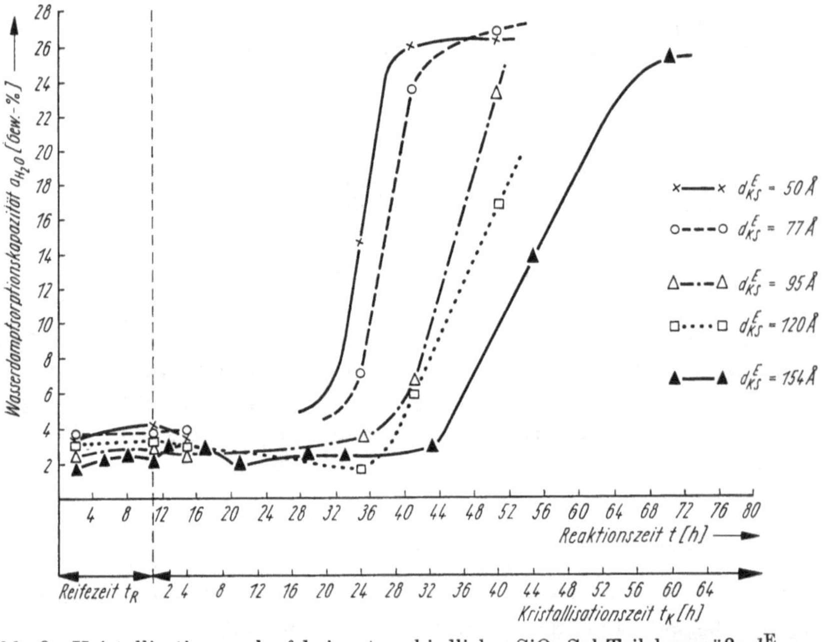

Abb. 9 Kristallisationsverlauf bei unterschiedlicher SiO_2-Sol-Teilchengröße d^E_{KS} = Elektronenmikroskopisch bestimmte Teilchengröße der SiO_2-Mizellen im Kieselsol

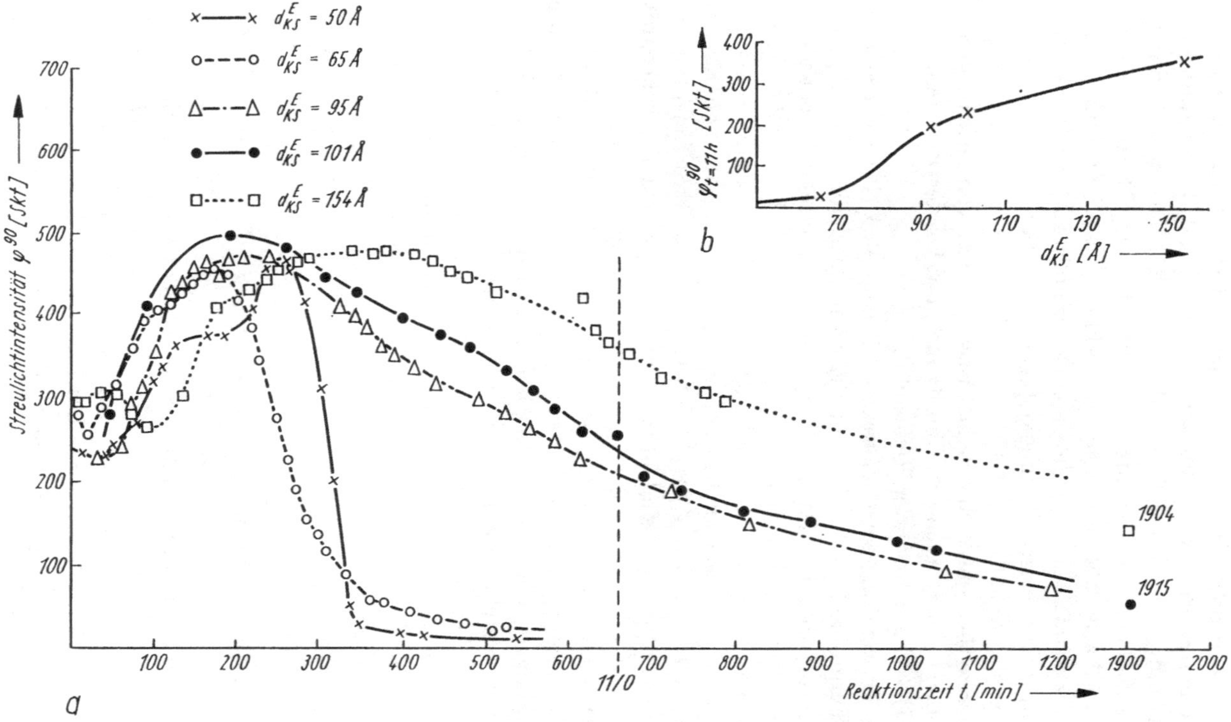

Abb. 10a) SiO_2-Partikelabbau bei unterschiedlicher SiO_2-Partikelgröße im Kieselsol

Abb. 10b) Zusammenhang zwischen SiO_2-Partikelgröße und SiO_2-Partikelabbaugeschwindigkeit bildung unterschiedlicher äußerer Oberflächen in den frisch gefällten Silicahydrogelphasen zu suchen. Mit zunehmender SiO_2-Teilchengröße sinkt die äußere Oberfläche des primären Fällproduktes und damit dessen Auflösungsgeschwindigkeit unter dem Einfluß der OH-Ionen [20]. Die in Abbildung 10 dargestellten tyndallometrischen Untersuchungen des SiO_2-Abbaues bei unterschiedlicher SiO_2-Mizellgröße bestätigen die Abhängigkeit der Auflösungsgeschwindigkeit des primär gefällten Gels von seiner äußeren Oberfläche.

- Die Kristallwachstumsgeschwindigkeit verringert sich infolge zunehmender SiO_2-Mizellgröße (Abb. 9).

Auf Grund der zeitlich unterschiedlichen Bereitstellung von niederaggregierten Silikatanionen variiert auch der Umsetzungsgrad bei der Reaktion ASHG-I $\rightarrow$ ASHG-II am Ende der Reifezeit.

Im Falle der Verwendung eines Kieselsols mit einer SiO_2-Teilchengröße von ca. 50 Å wird der größte Teil o.a. Umsetzung noch innerhalb der Reifeperiode (Normaltemperatur) ablaufen. Damit bildet sich gemäß unserer Hypothese ein ASHG-II mit leichter löslichen Bezirken (Pseudokeimen). Die erhöhte Anzahl der Pseudokeime im Vergleich zu einer Reaktionsmischung auf der Basis eines Kieselsols mit größeren Teilchen bewirkt eine größere Anzahl von Kristallkeimen und beschleunigt den Kristallwachstumsprozeß. Experimentelle Bestätigungen dieser Hypothese sind in der Linearität zwischen Teilchengröße der SiO_2-Partikel und der Kristallwachstumsgeschwindigkeit sowie in der Abhängigkeit der Sekundärteilchengröße von der SiO_2-Mizellgröße gegeben.

- In Übereinstimmung mit den Untersuchungen von LIPKIND [9] konnten wir feststellen, daß bei Verwendung von Kieselsolen steigender Partikelgröße die Moduli in den entstehenden Y-Zeolithen anstiegen. Die Ursache für dieses Verhalten sehen wir bei Verwendung großer SiO_2-Partikelgrößen im erhöhten Anteil höher kondensierter Silikatanionen, die beim Auflösen des primär gefällten Hydrogels in die flüssige Gelphase übergehen und dort mit Aluminationen die ASHG-I-Phase bilden.

8. Einfluß der Ultraschallbehandlung auf den Syntheseverlauf

Bei einer Durchführung des Reifeprozesses teilweise unter der Einwirkung von Ultraschallwellen (Frequenz ca. 800 Hz) konnte eine Verkürzung der Reifezeit bei gleichbleibenden Adsorptionseigenschaften des kristallisierten Zeolith Y erreicht werden. Die Ursache für diese beschleunigende Wirkung ist in einem schnelleren Abbau der SiO_2-Makromoleküle zu niederen Silikatanionen zu sehen. Die Wirksamkeit des Ultraschalls sei in Abbildung 11 anhand der tyndallometrischen Untersuchung des SiO_2-Abbaues gezeigt. Es konnte jedoch beobachtet werden, daß nicht zu jedem Zeitpunkt innerhalb der Reifeperiode die Ultraschallwellen optimal wirksam wurden.

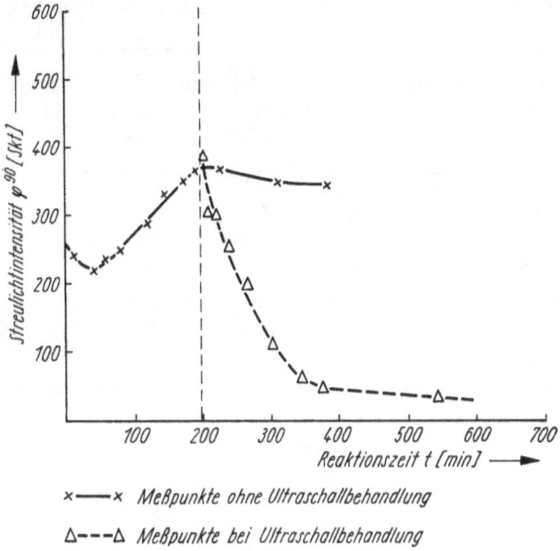

Abb. 11 SiO_2-Partikelabbau unter Ultraschalleinwirkung

9. Diskussion

In der folgenden Tabelle werden die Deutungen der Wirkungsmechanismen der einzelnen Syntheseparameter auf die einzelnen Stufen des Zeolithbildungsprozesses dargestellt. Es ist zu entnehmen, daß die Einflußnahme bei Variation der diversen Syntheseparameter in bezug auf den zeitlichen Ablauf primär an verschiedenen Stellen des Prozesses einsetzen kann und sich durch eine Beeinflussung der Folgeprozesse (entlang der unterbrochenen Linien) auf die Eigenschaften der Endprodukte und auf den Prozeßablauf insgesamt auswirken kann. Zusammenfassend ergeben sich drei Haupteinflußfaktoren:

- Kristallisationstemperatur
- OH^--Ionenkonzentration
- kolloidchemische Natur des primär ausgefällten Silicahydrogels.

Mehrere Einflußfaktoren legen die kolloidchemische Natur des primär gefällten Gels fest:

a) SiO_2-Teilchengröße

b) Fällungsbedingungen:
- pH-Wert
- Fälltemperatur
- Vermischungsfolge
- Geschwindigkeit der Vermischung
- Rührgeschwindigkeit bei der Vermischung
- Rührdauer nach der Vermischung

Tabelle 1 Schematische Darstellung der Wirkungsmechanismen verschiedener Synthese-

Teilprozesse	Prozeßstufen	Chemische Parameter $Na_2O:SiO_2 = B$			Reifezeit t_R	Kristallisationstemperatur T_K	
	Syntheserohstoffe	B	B	B	t_R		
Ausfällung							
	SiO_2-Hydrogel	O_a^{FHH}					
Auflösung		$v_{Auflösung}$					
	hydroxylierte Anionen			Hydroxylierungsgrad			
Kondensation					t_R		
	ASHG-I	bildet sich eher		$l_{Si-O-Si}$ - - - - - - - -			
						T^{K}	T^{K}
topochemischer Prozeß		Umsetzungsgrad während t_R			Umsetzungsgrad während t_R		
	ASHG-II	Pseudokeimanzahl		$l_{Si-O-Si}$	Pseudokeimanzahl		
Auflösung			$v_{Auflösung}$			$v_{Auflösung}$	
	lösliche Komplexe	bilden sich eher u. mehr	bilden sich eher	$l_{Si-O-Si}$	bilden sich mehr	bilden sich eher	
Verdichtung		$v_{Keimbildung}$	$v_{Keimbildung}$			$v_{Keimbildung}$	
	Keime	t_i^{Ende} Keimanzahl	t_i^{Ende}	$l_{Si-O-Si}$	Keimanzahl	t_i^{Ende}	
Kristallwachstum	Kristalle	$v_{Kristallisation}$ r_s		Modul	$v_{Kristallisation}$ r_s	$v_{Kristallisation}$ r_s	
Alterung, Rekristallisation	thermodynamisch stabile Phase					Analzim	

parameter auf den Zeolith-Y-Bildungsprozeß

Rührbewegung RB				Kieselsoleigenschaften d_{KS}		Ultraschallbehandlung t_{US} (t_{vUS} ist genügend groß)	
				d_{KS}	d_{KS}	t_{US}	
				O_a^{FHH}			
				$v_{Auflösung}$	Abbau führt zu tieferen Kondensationsgraden	$v_{Auflösung}$	
							t_R^{gesamt}
				bildet sich eher	$l_{Si-O-Si}$	bildet sich eher	
RB	RB	RB	RB				
Hemmungen der ASHG-II Bildung				Umsetzungsgrad während t_R		Umsetzungsgrad während t_R	Umsetzungsgrad während t_R
				Pseudokeimanzahl	$l_{Si-O-Si}$	Pseudokeimanzahl	Pseudokeimanzahl
			weitergehendere Auflösung	bilden sich eher u. mehr	$l_{Si-O-Si}$	bilden sich eher u. mehr	bilden sich weniger
	Verzögerung			$v_{Keimbildung}$		$v_{Keimbildung}$	
t_i^{Ende}	t_i^{Ende}			t_i^{Ende} Keimanzahl	$l_{Si-O-Si}$	t_i^{Ende} Keimanzahl	Keimanzahl
		$v_{Krist.}$		$v_{Kristallisation}$		$v_{Kristallisation} = const.$	
			Modul	r_s	Modul	$r_s = const.$	

In der Darstellung (Abb. 12) des Zusammenhanges zwischen den beiden abhängigen Variablen: Dauer der Inkubationsperiode t_i und äußerer Oberfläche O_a^{FHH} des frisch gefällten Silicahydrogels, können diese drei Haupteinflußfaktoren deutlich veranschaulicht werden. Während alle Versuchsserien, die den Syntheseablauf primär über die kolloidchemische Natur des frisch gefällten Gels beeinflussen, auf einer Gerade zu finden sind, liegen die Punkte der bei erhöhter Kristallisationstemperatur und erhöhter Alkalität ausgeführter Synthesen außerhalb dieser linearen Beziehung.

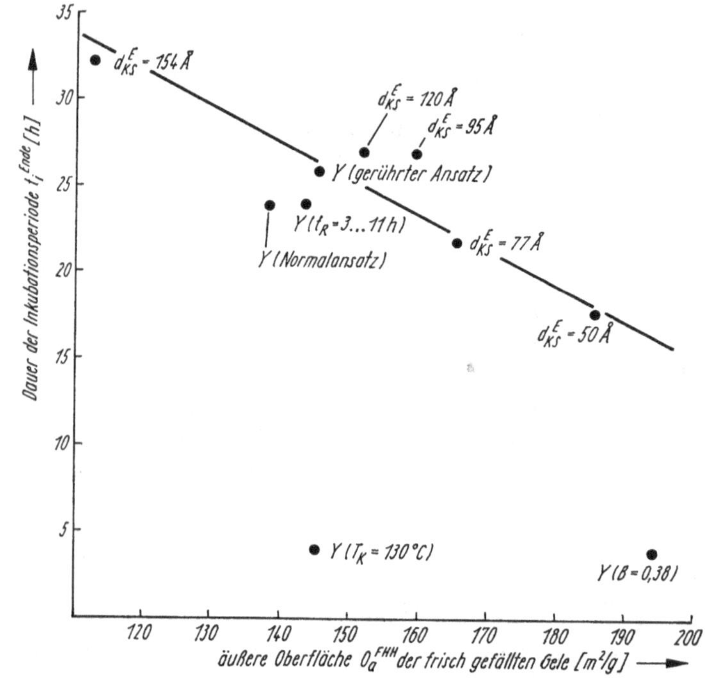

Abb. 12 Zusammenhang zwischen äußerer Oberfläche O_a^{FHH} der frisch gefällten Gele und der Dauer der Inkubationsperiode t_i^{Ende}
d_{KS}^E = Elektronenmikroskopisch bestimmte Teilchengröße der SiO_2-Mizellen im Kieselsol

Das von uns aufgestellte Zeolithbildungsmodell [1] bewies seine Leistungsfähigkeit bei Variation der Syntheseparameter und liefert Ansatzpunkte zur gezielten Beeinflussung des Eigenschaftsbildes von Zeolithen des Typs Y im System $Na_2O-Al_2O_3-SiO_2$(Kieselsol)$-H_2O$;

so erfolgt eine Modulerhöhung durch

a) Erniedrigung des Molverhältnisses $B = Na_2O/SiO_2$ in der Reaktionsmischung
b) Einsatz von Kieselsolen mit größeren SiO_2-Partikeln
c) Kristallisation ohne Rühren

eine Erhöhung der Sekundärteilchengröße durch
a) Verringerung der Keimanzahl, (Senkung des Molverhältnisses B, Senkung der Reifezeit, Vergrößerung der SiO_2-Partikelgröße)
b) Verringerung der Kristallwachstumsgeschwindigkeit (Erhöhung der Kristallisationstemperatur)

eine Verbesserung der hydrothermalen Stabilität durch
a) Rührbewegung während der Kristallisation
b) Verwendung von Kieselsolen mit kleiner Partikelgröße
c) Alterungszeit über die zur kompletten Kristallisation notwendigen Kristallisationszeit hinaus.

10. Literatur

[1] R. Seidel: Dissertation MLU Halle–Wittenberg, 1973.
H. Fürtig, F. Wolf, R. Seidel: diese Zeitschrift.
[2] P. Knop: Dissertation MLU Halle–Wittenberg, 1971, unveröffentlicht.
[3] L. Kornblit: Nafta **25** (1969) 38.
[4] D. W. Breck, E. M. Flanigen: Internat. Zeolithkongreß, London 1967.
[5] L. I. Piguzova, A. S. Vituchina, V. E. Dimitrieva u.a. in: Zeolithe – ihre Synthese, Eigenschaften und Anwendung, Izd-vo Nauka, Moskau 1965.
[6] F. Polak, A. Chichoki: Zesz. nauk. Uniw. Jagiell.; prace chem. **14** (1969) 211, **15** (1970) 281, **16** (1971) 129, **16** (1971) 151.
[7] F. Polak, W. Wilkosz: Przem. Chem. **48** (1969) 410.
[8] F. E. Schwochow, G.-F. Heinze: 2. Internat. Zeolithkongreß, Worchester 1970, F. E. Schwochow, H. Weber, G. H. Heinze: DOS 2028163.
[9] B. A. Lipkind in: Adsorbentien – ihre Herstellung, Eigenschaften, Anwendung, Izd-vo Nauka, Leningrad 1971.
[10] R. M. Barrer, J. W. Baynham, F. W. Bultitude u.a.: J. chem. Soc. **1959**, 195.
[11] W. C. Beard: 2. Internat. Zeolithkongreß, Worchester 1970.
[12] W. Roscher: unveröffentlicht.
[13] E. E. Senderov in: Zeolithe – ihre Synthese, Eigenschaften und Anwendung, Izd-vo Nauka, Moskau 1965.
[14] S. P. Ždanov, N. N. Samulevic, E. N. Egorova: ibid.
[15] G. T. Kerr: J. Phys. Chem. **70** (1966) 1047.
[16] Ja. V. Mirskij, M. G. Mitrofanov, B. M. Popkov u.a. in: Zeolithe – ihre Synthese, Eigenschaften und Anwendungen, a. a. O.
[17] F. Polak, L. Wilkosz: Przem. Chem. **46** (1967) 606; Zesz. nauk. Uniw. Jagiell.; pr. chem. **13** (1968) 305.
[18] G. H. Kuehl: 1. Internat. Zeolithkongreß, London 1967.
[19] S. P. Ždanov: 2. Internat. Zeolithkongreß, Worcester 1970.
[20] T. L. O'Connor, S. A. Greenberg: J. of Phys. Chem. **62** (1958) 1195.
[21] E. Grasshoff: Dissertation; TH Merseburg 1971.
[22] A. K. Regis, L. B. Sand, C. Calmon u.a.: J. of Phys. Chem. **64** (1960) 1567.
[23] D. Domine, J. Quobex: 1. Internat. Zeolithkongreß, London 1967.

[24] Ja. V. Mirskij, V. V. Prozkov in: Adsorbentien – ihre Herstellung, Eigenschaften und Anwendung, Izd-vo Nauka, Leningrad 1971.
[25] R. M. Milton: DAS 1038016; 1038017.
[26] J. Ciric: J. of Coll. and Interf. Sci. **28** (1968) 715.
[27] F. Polak: Przem. Chem. **51** (1972) 295.
[28] R. Seidel, H. Koepernik, W. Roscher u.a.: Vortrag III. Internat. Katalysekonferenz der DDR; Reinhardsbrunn 1974.
[29] B. Tezak: Disc. Faraday Soc. **42** (1966) 175.
[30] W. Zubkov: Adsorbentien – ihre Herstellung, Eigenschaften u. Anwendung, Verlag Nauka, Leningrad 1978.

Friedrich Wolf, Detlef Krüger

Sauerstoffselektive Molekularsiebe für die N_2/O_2-Trennung durch Präadsorption

Einleitung

Verschiedene Adsorbentien [1, 2, 3] sind für eine adsorptive N_2/O_2-Trennung geeignet. Sie sind stickstoffselektiv. Wir modifizierten technische zeolithische Molekularsiebe (VEB Chemiekombinat Bitterfeld) mit Hilfe der Präadsorption von polaren Verbindungen mit dem Ziel, das Trennvermögen gegenüber N_2/O_2-Gemischen (Luft) in Richtung auf eine Sauerstoffselektivität zu verändern.

Experimentelles

Zum Einsatz kamen Na^+A- sowie Li^+-ausgetauschte Na^+A-Molekularsiebe. Als Präadsorptive dienten Wasser, Methanol und Dimethyläther. Untersucht wurde das Trennverhalten dieser mit dem Präadsorpt definiert vorbeladenen Zeolithe im Temperaturbereich von -78 bis $+20\,°C$ mit Hilfe der Impuls- und der Frontalgaschromatographie. Als Maß für die Trennwirksamkeit verwendeten wir ein apparatespezifisches Trennkriterium $AK\alpha$, da die sonst üblichen Trennkriterien der Gaschromatographie auf die von uns untersuchten Systeme nicht anwendbar waren. $AK\alpha$ ist der Quotient der unkorrigierten Retentionsvolumina O_2/N_2; er ist zwar der Form nach dem Trennfaktor α ähnlich, enthält jedoch nicht den physikalischen Sinn des Trennfaktors, der die Adsorption im Gleichgewichtszustand voraussetzt.

Die gaschromatographische Säule war eine Glassäule von 25 cm Länge und einem Innendurchmesser von 0,4 cm. Wasserstoff diente bei einer Strömungsgeschwindigkeit von 3,6 l/h als Trägergas. Die Molekularsiebe wurden ohne Zusatz von Bindemitteln bei einem Preßdruck von ca. 2000 kp/cm^2 verformt. Die Siebfraktion 0,25 bis 0,40 mm kam zur Ausprüfung.

Das Einstellen der gewünschten Präadsorptkonzentration wurde durch Desorption der entsprechend beladenen Zeolithe unter einem Schleppgasstrom in der Säule vorgenommen (Tiefbettaktivierung). Als Schleppgas diente Stickstoff mit einer Strömungsgeschwindigkeit von 3,6 l/h. Die Aktivierungstemperaturen bei der Desorption lagen zwischen 400 und 600 °C. Die Zeitdauer der Desorption variierte von wenigen Minuten bis zu 12 Stunden. Durch die gesteuerte Desorption wurde der gewünschte Gehalt an Wasser, Methanol oder Dimethyläther im Zeolith eingestellt.

Ergebnisse und Diskussion

Unbeladene Na^{+}A-Zeolithe adsorbieren im Temperaturbereich von —78 bis +20 °C selektiv Stickstoff, von —193 bis —110 °C jedoch weisen sie ein sauerstoffselektives Adsorptionsverhalten auf [4]. Das sauerstoffselektive Verhalten wird auf einen durch die Temperatur bedingten kinetischen Effekt zurückgeführt.

Im Rahmen unserer Untersuchungen erwiesen sich Na^{+}A-Zeolithe mit einer Präadsorptkonzentration von

0,5 bis 2,5 Ma.-% Wasser
0,7 bis 2,5 Ma.-% Methanol
oder 1,5 bis 3,9 Ma.-% Dimethyläther

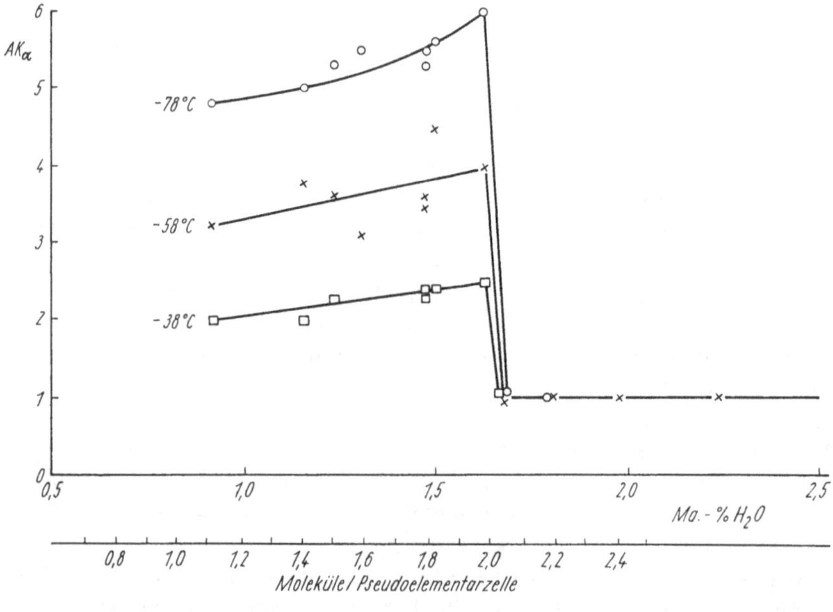

Abb. 1 Abhängigkeit der Sauerstoff/Stickstoff-Trennung am Zeolith Na^{+}A (bei 500 °C aktiviert) von der Wasser-Präadsorption

im Temperaturbereich von -78 bis $+20\,°C$ als sauerstoffselektiv. Durch die Präadsorption kann so der Bereich der bevorzugten Adsorption von O_2 gegenüber N_2 an Na^+A-Zeolithen zu wesentlich höheren Temperaturen verschoben werden, als dies an unbeladenen Molekularsieben des gleichen Typs der Fall ist. Die im Temperaturbereich von -78 bis $+20\,°C$ ursprünglich stickstoffselektiven Molekularsiebe adsorbieren nach der entsprechenden Vorbeladung mit Wasser, Methanol oder Dimethyläther den Sauerstoff bevorzugt (s. Abb. 1, 2, 3).

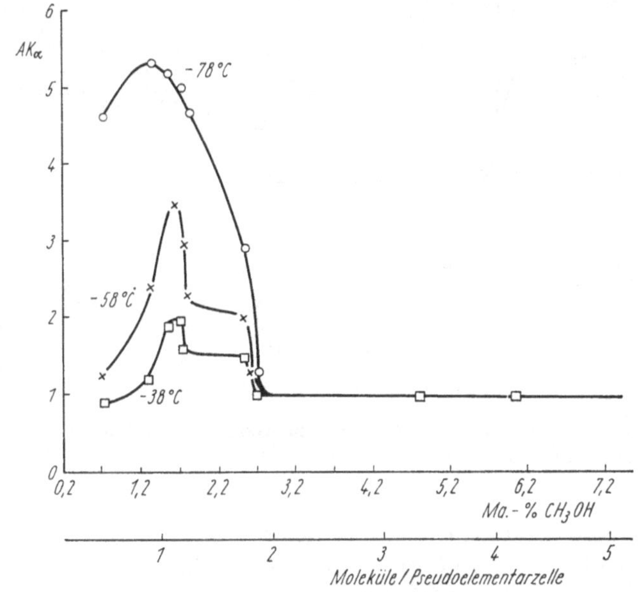

Abb. 2 Abhängigkeit der Sauerstoff/Stickstoff-Trennung am Zeolith Na^+A (bei 500°C aktiviert) von der Methanol-Präadsorption

Die Umkehr der Selektivität führen wir auf einen diffusionskinetischen Einfluß zurück. Die Präadsorptmoleküle bewirken eine Diffusionsbehinderung im Mikroporenbereich der Zeolithe. Dabei wird das Stickstoffmolekül mit einem kritischen Moleküldurchmesser von 3,0 Å von der Mikroporendiffusion ausgeschlossen; das kleinere Sauerstoffmolekül mit einem kritischen Moleküldurchmesser von 2,8 Å vermag dagegen in die Mikroporen einzudringen und wird dort adsorbiert.

Bei der statischen Adsorption von reinem Stickstoff an Na^+A-Zeolithen, die mit NH_3 vorbeladen waren, beobachteten Berry und Rees [5] einen ähnlichen Ausschlußeffekt („cut-off“) des Stickstoffs.

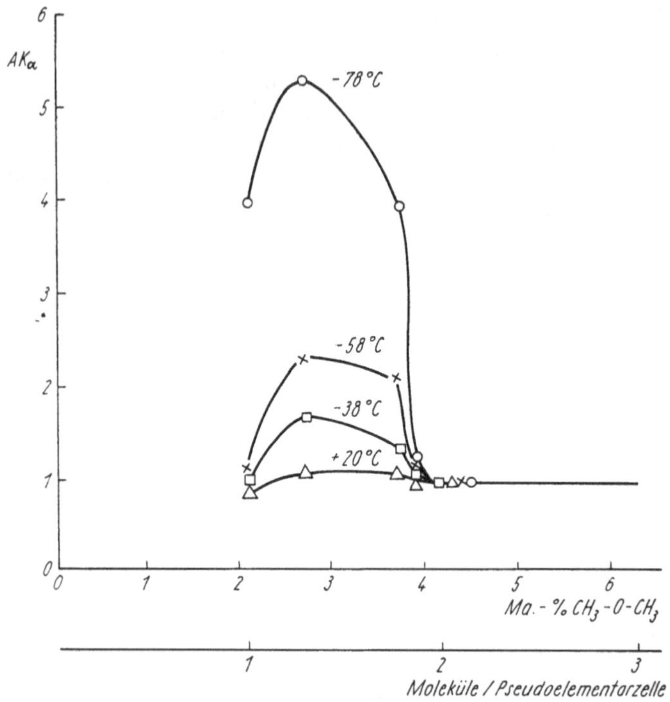

Abb. 3 Abhängigkeit der Sauerstoff/Stickstoff-Trennung am Zeolith Na^+A (bei 500° C aktiviert) von der Dimethyläther-Präadsorption

Die Untersuchungen zeigen, daß die im angegebenen Präadsorptbereich vorhandene Selektivität gegenüber Sauerstoff durch die Zahl der in einer Pseudoelementarzelle eines A-Zeoliths [6, 7] vorhandenen Präadsorptmoleküle bestimmt wird (Abb. 4). Das Maximum der Trennwirksamkeit wasserbeladener Zeolithe wird bei zwei Molekülen pro Pseudoelementarzelle erreicht (s. Abb. 1, 4). Schreitet die Desorption des Wassers weiter voran, so findet ein Wechsel zur Stickstoffselektivität statt. Dieser Wechsel erfolgt für ein bei 600 °C aktiviertes wasserhaltiges Na^+A-Molekularsieb bei einer Beladung mit ca. 0,6 Molekülen Wasser pro Pseudoelementarzelle (s. Abb. 4).

Ähnliche Effekte werden durch die Präadsorption anderer polarer Verbindungen am Na^+A-Zeolith hervorgerufen. Wie beim Wasser, setzt auch die bevorzugte Adsorption von Sauerstoff bei ca. zwei Molekülen Präadsorpt Methanol oder Dimethyläther pro Pseudoelementarzelle ein. Das Maximum der Trennwirksamkeit wurde jedoch bei ca. 1,3 Molekülen Dimethyläther bzw. 1,0 Molekülen Methanol pro Pseudoelementarzelle erreicht. Die Methylgruppen des Dimethyläthers bzw. Methanols können eine stärkere sterische Hinderung der Diffusion bewirken, als dies beim Wasser der Fall ist.

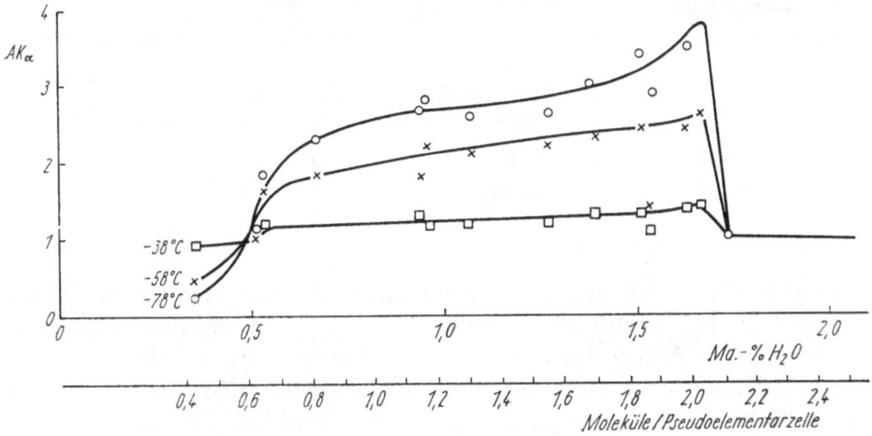

Abb. 4 Abhängigkeit der Sauerstoff/Stickstoff-Trennung am Zeolith Na^+A (bei 600° C) von der Wasser-Präadsorption

Frontalchromatographische Untersuchungen der Durchbruchskurven bestätigten die mit Hilfe der Impulsmethode erhaltenen Aussagen zur O_2-Selektivität (s. Abb. 5). Die Daten wurden bei einer Strömungsgeschwindigkeit von 3,6 l/h Wasserstoff, dem zu 50 Vol.-% die entsprechende Adsorptivkomponente zugemischt wurde, erhalten. Ermittelt wurde die Kapazität nach SCHAY [8]. In Abhängigkeit vom Wassergehalt resultieren die in Tabelle 1 aufgeführten dynamischen Adsorptionskapazitäten der Komponenten Stickstoff, Sauerstoff und Argon.

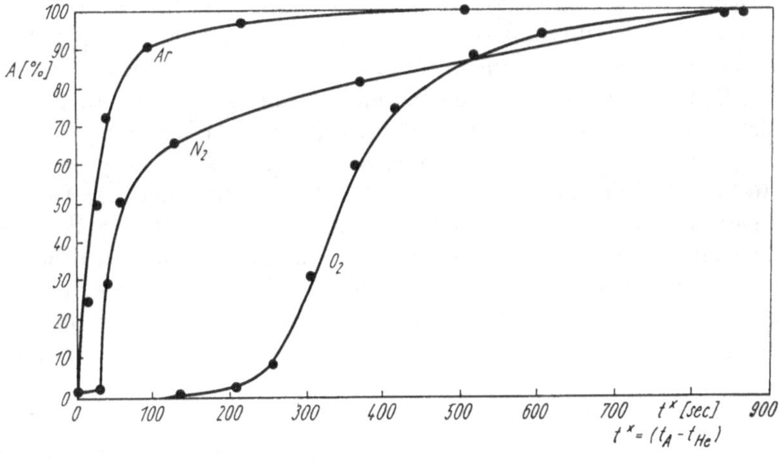

Abb. 5 Durchbruchskurven der Arsorption von O_2, N_2 bzw. Ar am Na^+A-Zeolith bei -78°C (1,5 Ma.-% H_2O präadsorbiert)

Tabelle 1 Dynamische Adsorptionskapazität (ml/g) bei −78 °C

Gas	Präadsorbierter Wassergehalt 1,5 Ma.-%	0,6 Ma.-%	0,1 Ma.-%
Ar	0,4	2,5	3,1
O_2	5,8	6,4	7,2
N_2	1,2	9,6	27,5

Es ist ersichtlich, daß die dynamischen Adsorptionskapazitäten für Argon und Stickstoff mit wachsender Präadsorption von Wasser dem Sauerstoff gegenüber wesentlich zurückgehen. Dieser Fakt erklärt sich aus der sterischen Hinderung der größeren Adsorptivmoleküle Stickstoff und Argon, bewirkt durch die Blockierung der Eingänge zum großen Zeolithhohlraum.

Unter den hier angegebenen Versuchsbedingungen liegt die Adsorptionskapazität sauerstoffselektiver Molekularsiebe gegenüber Sauerstoff unter den Adsorptionskapazitäten stickstoffselektiver Molekularsiebe gegenüber Stickstoff. Dieser Nachteil gleicht sich jedoch durch weitaus kürzere Adsorptionszeiten für den Sauerstoff aus, da für die stickstoffselektiven Molekularsiebe der Adsorptionszyklus etwa fünfmal länger für die bevorzugt adsorbierte Komponente ist. Das heißt, daß die höhere Adsorptionskapazität stickstoffselektiver Zeolithe durch eine schnellere Adsorptionskinetik des Sauerstoffs kompensiert wird. Jedoch zeigen die sauerstoffselektiven Molekularsiebe bei der Desorption aufgrund der vorliegenden geringen Stickstoffadsorption auch einen Schlupf von Stickstoff.

Im Zusammenhang mit der Präadsorption wurde auch der Einfluß des Li^+-Ionenaustauschgrades auf die Selektivität der Adsorption von Sauerstoff und Stickstoff untersucht. Wolf und König [9] fanden bei einem 35%igen Li^+-Austausch bzw. 80%igen Ba^{++}-Austausch an Na^+A-Zeolithen ein sauerstoffselektives Verhalten. Wir verwendeten für unsere Untersuchungen Li^+Na^+A-Molekularsiebe, die im Bereich von 4 bis 85 val-% mit Li^+-Ionen ausgetauscht wurden. Dabei war festzustellen, daß auch bei den Li^+-ionenausgetauschten Zeolithen die Selektivität dominierend vom Präadsorptgehalt und der Temperatur abhängen. Es wurde gefunden, daß Li^+-ionenausgetauschte Na^+A-Molekularsiebe sowohl den Stickstoff als auch den Sauerstoff bevorzugt adsorbieren können. Die Stickstoffselektivität konnte jedoch nur durch Aktivierung unter Vakuum bei 400 °C erreicht werden. Wir nehmen an, daß diese Tatsache mit der Herausbildung äußerst stabiler Hydrathüllen an den Li^+-Ionen zusammenhängt.

Bei einer Aktivierung der Li^+-ionenausgetauschten Molekularsiebe unter Verwendung eines Trägergases wurden stets sauerstoffselektive Zeolithe erhalten. Die unter dynamischen Aktivierungsbedingungen bei 500 °C erzeugte Sauerstoffselektivität zeigt einen deutlichen Zusammenhang zwischen Li^+-

Austauschgrad und Präadsorptgehalt. Es ergab sich die in Abbildung 6 dargestellte Abhängigkeit der Wasserbeladung für die einsetzende Sauerstoffselektivität vom Li^+-Ionenaustauschgrad. Dabei wurden die $AK\alpha$-Werte konstand gehalten und zwar $AK\alpha = 4$ bei einer Trenntemperatur von $-78\,°C$ und $AK\alpha = 3$ bei einer Trenntemperatur von $-58\,°C$. Es ist zu ersehen, daß mit steigendem Li^+-Austauschgrad der Wassergehalt ansteigt, bei dem entsprechende Sauerstoffselektivitäten erreicht werden.

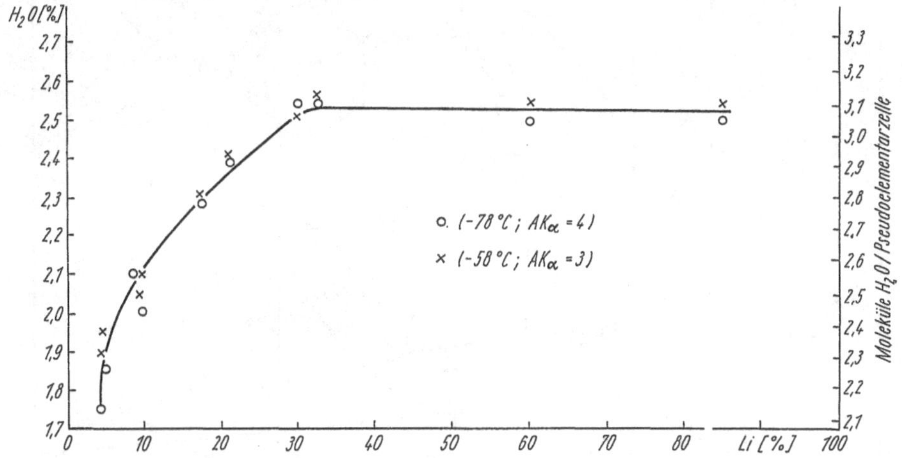

Abb. 6 Abhängigkeit der Wasserbeladung für die einsetzende Sauerstoffselektivität vom Li^+-Ionenaustausch am Na^+A-Zeolith

Nach [10, 11, 12] sind formal die mit Li^+-Ionen besetzten Poreneingänge sterisch weniger stark blockiert. Deshalb ist die Präadsorptkonzentration, bei der die Sauerstoffselektivität ausgelöst wird, bei Li^+-ionenausgetauschten Molekularsieben höher als bei reinen Na^+A-Zeolithen.

Wie läßt sich der dargestellte Einfluß der Präadsorptmoleküle strukturell deuten?

Die Präadsorptmoleküle befinden sich aus energetischen Gründen auf einer Position nahe den von Gramlich und Meier [6] angegebenen möglichen Positionen für Wasser. Diese Moleküle sind polar und deshalb von unpolaren Adsorptiven, wie Stickstoff und Sauerstoff, nicht leicht zu verdrängen. Sie wirken auf die Eingänge zu den großen Hohlräumen der Na^+A- und Li^+Na^+A-Molekularsiebe blockierend und zwar so, daß Stickstoff in der Diffusion behindert wird, während Sauerstoff nahezu ungehindert in die Poren eindringen kann. Für die Wassermoleküle nehmen wir deshalb einen Platz nahe der Wasser(II)- oder der (III)-Position des oben genannten Modells an (Abb. 7). Ein so präadsorbiertes Wassermolekül blockiert gleichzeitig drei senkrecht zueinander

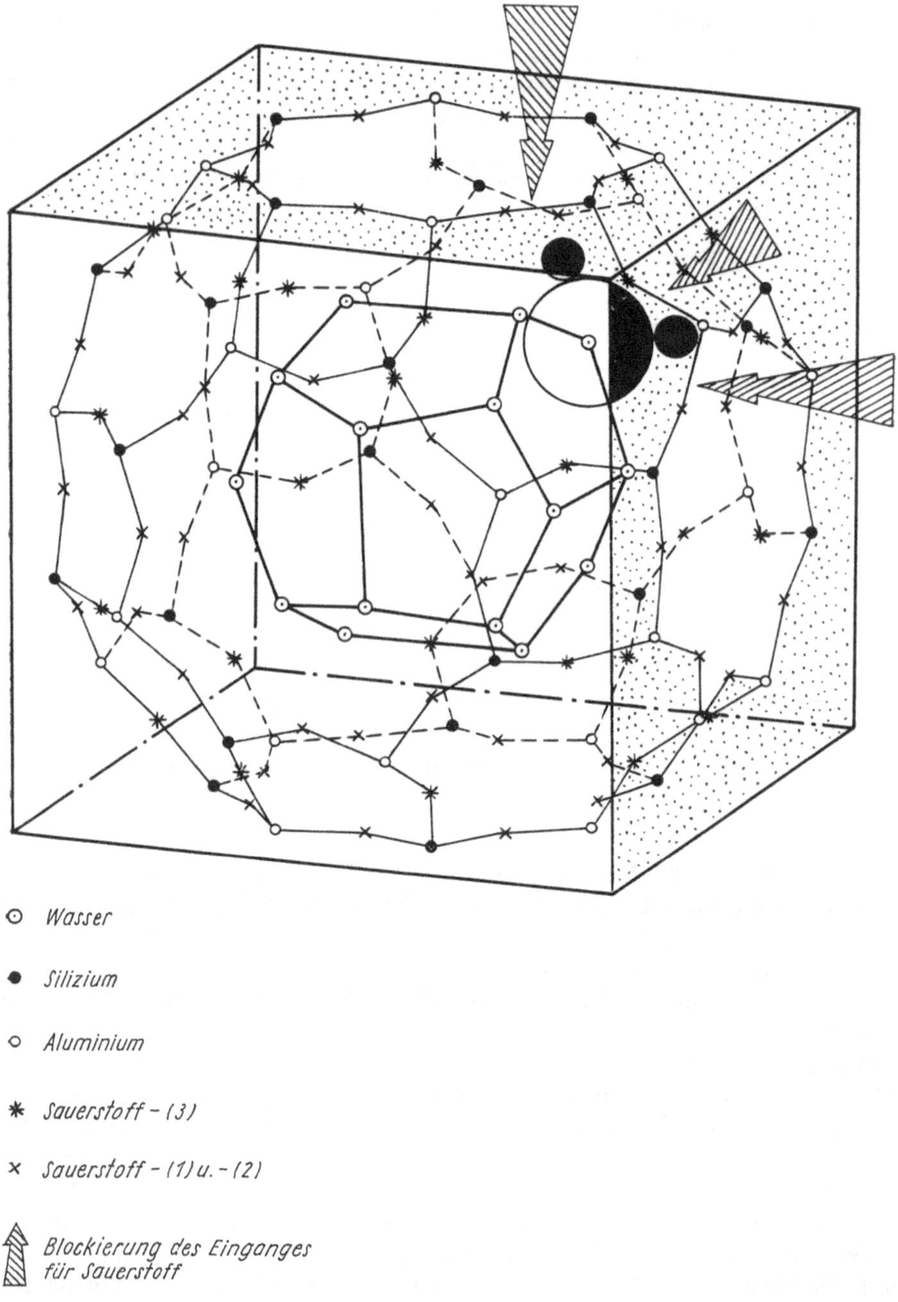

Abb. 7 Sterische Behinderung der Eingänge zum großen Hohlraum durch ein Präadsorptmolekül

stehende Eingänge zum großen Hohlraum der Na^+A- bzw. Li^+Na^+A-Zeolithe. Damit erklärt sich gleichzeitig das Maximum der Trennwirksamkeit bei 2 Molekülen Wasser pro Pseudoelementarzelle. Mit weiter ansteigender Desorption des Wassers nimmt die blockierende Wirkung ab, und Stickstoff vermag verstärkt in die Mikroporen einzudringen und wird bevorzugt adsorbiert. Dadurch wird letztlich ein Wechsel des sauerstoffselektiven Adsorptionsverhaltens zur Stickstoffselektivität bewirkt.

Analoge Betrachtungen sind bei der Präadsorption von Methanol und Dimethyläther an Na^+A-Zeolithen anzustellen. Aufgrund ihres geringeren Dipolmomentes im Vergleich zu Wasser sind diese Präadsorptmoleküle jedoch unserer Ansicht nach etwas stärker in den großen Hohlraum orientiert. Dazu kommt der zusätzliche sterische Effekt der Methylgruppen. Diese Faktoren bewirken die beobachtete Verschiebung der Maxima der Sauerstoffselektivität von 2 Molekülen bei Wasser zu 1,3 bzw. 1 Molekül bei Methanol bzw. Dimethyläther. Annahmen, daß restliche polare Moleküle direkt in den Eingängen zu den großen Hohlräumen (Wasser(IV)-Position) liegen, schließen wir aus, da es unter solchen Umständen keine Sauerstoffselektivität geben könnte. Bei einer Besetzung einer Position nahe der Wasser(IV)-Position wären bei einer Vorbeladung von 3 Molekülen einer polaren Verbindung alle Diffusionsrichtungen vollständig sterisch blockiert. Wird nur eines dieser Moleküle entfernt, so öffnet sich der Weg gleichermaßen für Stickstoff und Sauerstoff, und somit bildet sich wiederum ein stickstoffselektives Adsorptionsverhalten heraus. Ähnliche Aspekte lassen sich auch für die in [14] beschriebenen Vorgänge zur Argon/Sauerstoff-Trennung diskutieren.

Zusammenfassung

Es konnte nachgewiesen werden, daß die Selektivität zeolithischer Na^+A- und Li^+Na^+A-Molekularsiebe durch die Präadsorption polarer Verbindungen beeinflußbar ist. Bei gezielter Vorbeladung mit Wasser, Methanol oder Dimethyläther zeigen die ursprünglich stickstoffselektiven Zeolithe ein bevorzugtes Adsorptionsverhalten für Sauerstoff. Dieser im Temperaturbereich von -78 bis $+20\,°C$ beobachtete Effekt wird in Folge einer Verengung der Diffusionswege in den α-Käfig der A-Zeolithe durch Präadsorptmoleküle durch einen Ausschluß des Stickstoffs bewirkt.

Literatur

[1] R. A. Anderson: Molecular Sieves II-ACS Symposium Ser. **40** (1977) 637.
[2] H. Jüntgen, K. Knoblauch, W. Peters: Chem.-Ing.-Techn. **45** (1973) 533.
[3] F. Wolf, P. König, H. Specht: Chem. Techn. **29** (1977) 22.

[4] G. A. Golowko: Ustanovki dlja proisvodstva inertnich gasov, Izd. Masinostroenie, Leningrad 1974, 384 s.
[5] L. V. C. Rees, T. Berry: Molecular Sieves, Stables Printers, London 1968, p. 149.
[6] V. Gramlich, W. M. Meier: Z. Kristallogr. **133** (1971) 134.
[7] K. Pilchowski, R. Gaedeke, J. Karch, F. Wolf: Kristall u. Technik **13** (1978) 47.
[8] G. Schay: Theoretische Grundlagen der Gaschromatographie, VEB Deutscher Verlag für Grundstoffindustrie, Berlin 1961.
[9] F. Wolf, P. König: Z. Chem. **15** (1975) 371.
[10] R. Schöllner, H. J. Herden: Molecular Sieves II-ACS Symposium Ser. **40** (1977) 357.
[11] R. Schöllner, P. Nötzel, H. J. Herden, G. Körner: Acta Physica et Chemica, Szeged, Hungaria **24** (1978) 293.
[12] D. Freude, H. J. Herden, H. Pfeifer, H. Schmiedel, R. Schöllner: Z. physik. Chem. (Leipzig) **259** (1978) 444.
[13] Cotton, F. A., G. Wilkinson: Anorganische Chemie, VEB Deutscher Verlag der Wissenschaften, Berlin 1970, S. 41.
[14] F. Wolf, D. Krüger: Z. Chem. **6** (1978) 226.

Autorenverzeichnis

Dr. rer. nat. Helmut Fürtig, VEB Chemiekombinat Bitterfeld, Forschungsabteilung Molekularsiebe

Dr. rer. nat. Detlef Krüger, Sektion Chemie der Universität Halle, Wissenschaftsbereich Technische Chemie

Dr. rer. nat. Rüdiger Seidel, VEB Chemiekombinat Bitterfeld, Forschungsabteilung Molekularsiebe

Friedrich Wolf, Korrespondierendes Mitglied der Akademie der Wissenschaften der DDR